Youssef Ben Taher

Caractérisation et étude des propriétés électriques des diphosphates

Youssef Ben Taher

Caractérisation et étude des propriétés électriques des diphosphates

diphosphates à cation monovalent de formule A(1-x)B(x)AlP2O7

Presses Académiques Francophones

Imprint

Any brand names and product names mentioned in this book are subject to trademark, brand or patent protection and are trademarks or registered trademarks of their respective holders. The use of brand names, product names, common names, trade names, product descriptions etc. even without a particular marking in this work is in no way to be construed to mean that such names may be regarded as unrestricted in respect of trademark and brand protection legislation and could thus be used by anyone.

Cover image: www.ingimage.com

Publisher:
Presses Académiques Francophones
is a trademark of
International Book Market Service Ltd., member of OmniScriptum Publishing Group
17 Meldrum Street, Beau Bassin 71504, Mauritius

Printed at: see last page
ISBN: 978-3-8416-3744-4

Zugl. / Agréé par: Sfax, Université de Sfax, 2015

Copyright © Youssef Ben Taher
Copyright © 2015 International Book Market Service Ltd., member of OmniScriptum Publishing Group
All rights reserved. Beau Bassin 2015

BEN TAHER Youssef

Préparation caractérisations, étude des propriétés électriques et modèles de conductions des diphosphates à cation monovalent de formule $A^I_{1-x}B^I_xAlP_2O_7$

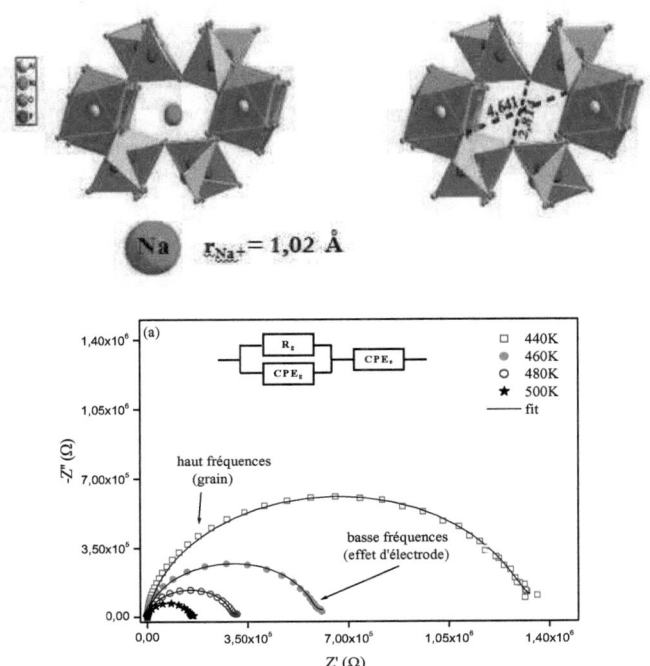

Dédicaces

Je dédie ce travail à :

La mémoire de mon père et mon frère Riadh, que dieu l'aient pitié et l'aient crée dans son vaste paradis.

Ma mère

Pour son grand amour, ses sacrifices et toute l'affection qu'elle m'a toujours offerte.

Mes frères Amara et Mabrouk

Mes sœurs Souad, Imene et Madia

Ma chérie Aida

Tous mes collègues et mes ami(e)s.

AVANT-PROPOS

C'est travaille est tiré d'un travaille plus important, celui d'une thèse de doctorat de la Faculté des Sciences de Sfax, Tunisie. La thèse de doctorat est intitulé " **Caractérisations et étude des propriétés électriques des diphosphates à base d'aluminium à cation monovalent de formule $Na_{1-x}Ag_xAlP_2O_7$** ". Le texte de base a été repris et fortement allégé des passages très spécialisés ou trop détaillés et réduit pour être plus accessible.

Je tiens à remercier Monsieur **Kamel Guidara**, Professeur à la faculté des sciences de Sfax pour m'avoir accueilli dans son laboratoire.

J'exprime mes sincères remerciements à mon Directeur de Thèse, Monsieur **Mohamed Gargouri**, Professeur à la faculté des sciences de Sfax et mon encadreur **Monsieur Abderrazek** Oueslati Maitre Assistant à la faculté des sciences de Sfax, qui m'ont encadré durant ma thèse de doctorat.

Je tiens à remercier Monsieur **Mourad Arous**, Professeur à la faculté de Sciences de Sfax, **Mohamed Koubaa**, Professeur à l'Institut Supérieur de Biotechnologie de Sfax et Monsieur **Abdelhedi Aydi**, Maitre de Conférences à la faculté de Sciences de Sfax, pour l'intérêt particulier qu'ils ont apporté de juger le travaille de thèse de doctorat.

SOMMAIRE

Chapitre I
Etude bibliographique

Introduction 6
I. Etude bibliographique sur les phosphates 6
    I. 1. Définition 6
    I. 2. Classification des phosphates 7
        I. 2. 1. Les oxyphosphates 7
        I. 2. 2. Les Monophosphates 7
        I. 2. 3. Les phosphates condensés 7
            I. 2. 3. a. Les polyphosphates 8
            I. 2. 3. b. Les cyclophosphates 9
            I. 2. 3. c. Les ultraphosphates 10
    I. 3. Domaines d'application des phosphates 11
II. Structure des matériaux diphosphates de formule $M^I M^{III} P_2 O_7$ 11
III. Polarisation 17
    III. 1. Polarisation électronique 18
    III. 2. Polarisation ionique 19
    III. 3. Polarisation d'orientation 20
    III. 4. Polarisation par charges d'espace 20
IV. Modèles de relaxation diélectrique 21
    IV. 1. Modèle de Debye 22
    IV. 2. Modèle de Cole-Cole 24
    IV. 3. Modèle de Cole-Davidson 24
    IV. 4. Modèle de Havriliak –Negami 25
V. La conductivité ionique 26
    V. 1. Le mécanisme lacunaire 27
    V. 2. Le mécanisme interstitiel 28
VI. Dépendance en température et en fréquence de la conductivité 28
    VI. 1. Dépendance en température de la conductivité 28
        VI. 1. 1. Comportement d'Arrhenius 29

VI. 1. 2. Comportement Vogel-Fulcher-Tammann 29
VI. 2. Dépendance en fréquence de la conductivité 29
    VI. 2. 1. Comportement universel 29
    VI. 2. 2. Différents modèles de conduction 30
VII. Impédance complexe et circuits équivalents 33
    VII. 1. Définition 33
    VII. 2. L'impédance CPE (Constant Phase Element) 34
    VII. 3. La combinaison (R// C) 35
    VII. 4. La combinaison (R// C) en série avec (R// C) 35
VIII. Propriétés électriques de quelques composés de formule $M^{I}M^{III}P_2O_7$ 36
    VIII. 1. Propriétés électriques de $KFeP_2O_7$ 36
    VIII. 2. Propriétés électriques de $KAlP_2O_7$ 38
    VIII. 3. Propriétés électriques de $NaCrP_2O_7$ 40
Conclusions 42
Références 43

Chapitre II
Caractérisation et étude de la conductivité du composé $NaAlP_2O_7$

Introduction 48
I. Élaboration du composé $NaAlP_2O_7$ 48
    I. 1. Produits de départ 48
    I. 2. Méthode d'élaboration 48
II. Caractérisation structurale 49
    II. 1. Rappel structurale 49
    II. 2. Diffraction des Rayons X sur poudre 51
III. Spectroscopie RMN du composé $NaAlP_2O_7$ 53
    III. 1. Principe et instrumentation 53
    III. 2. Caractérisation par RMN du ^{31}P 53
IV. Spectroscopie vibrationnelle 56
    IV. 1. Etude par spectroscopie IR 56
    IV. 2. Etude par spectroscopie Raman 57
V. Etude par spectroscopie d'impédance complexe 58
    V. 1. Condition expérimentale 58
    V. 2. Diagramme de Nyquist et circuit équivalent 59
    V. 3. Diagramme de Bode 63

V. 4. Etude de la conductivité 65
    V. 4. 1. Conductivité en courant continu 65
    V. 4. 2. Conductivité en courant alternative 66
  V. 5. Étude de modulus complexe 68
  V. 6. Mécanismes de conduction des porteurs de charge 72
Conclusions 74
Références 75

Chapitre III
Etude éléctrique, diéléctrique et mécanisme de conduction du composé $AgAlP_2O_7$

Introduction 78
I. Élaboration du composé $AgAlP_2O_7$ 78
  I. 1. Produits de départ 78
  I. 2. Méthode de préparation 78
II. Caractérisation par rayon X sur poudre 79
III. Spectroscopie d'impédance complexe 80
  III. 1. Etude électrique 80
    III. 1. 1. Circuit équivalent 80
    III. 1. 2. Evolution de la conductivité de grain en fonction de la température 83
    III. 1. 3. Étude de la conductivité σ_{ac} 84
  III. 2. Mise en évidence de la mécanisme de conduction 86
  III. 3. Etude diélectrique 91
    III. 3. 1. Etude de la partie réelle de la permittivité 93
    III. 3. 2. Etude de la partie imaginaire de la permittivité 94
    III. 3. 3. Etude de facteur de pertes tan δ 97
    III. 3. 4. Étude de modulus complexe 98
    III. 3. 5. Etude de la polarisabilité complexe 103
Conclusions 105
Référence 106

Chapitre IV
Caractérisation par UV-visible et étude de la conductivité du composés $Na_{(1-x)}Ag_xAlP_2O_7$ (x=0.6, x=0.8)

Introduction 108
I. Diffraction des rayons X 108

Sommaire

II. Spectroscopie d'absorption UV-Visible 110
    II. 1. Mesure 110
    II. 2. Analyse des spectres 111
III. Spectroscopie d'impédance complexe 113
    III. 1. Conditions expérimentales 113
    III. 2. Diagramme de Nyquist et modélisation 113
    III. 3. Modulus complexe 118
    III. 4. Etude de la conductivité 119
    III. 5. Modèles de conduction 122
        III. 5. 1. Modèle de conduction des composés $Na_{1-x}Ag_xAlP_2O_7$ (x=0,4 et x=0,6)....122
        III. 5. 2. Modèle de conduction de composé $Na_{0,2}Ag_{0,8}AlP_2O_7$ 125
Conclusions 128
Références 129
Conclusions générale 130

INTRODUCTION GÉNÉRALE

Introduction générale

Les composés à base de phosphate constituent un vaste domaine de recherche dans lequel travaille actuellement un grand nombre de laboratoires dans le monde. Les applications de ces matériaux manifestent des propriétés physiques très intéressantes tel que: électriques, magnétiques, catalytiques et optiques. Ces propriétés conduises à des applications diverses:

- Les phases de type NASICON, $NaZr_2(PO_4)_3$ reconnues par leur conductivité ionique exceptionnelle [1-2].
- Les composés de type KTP ($KTiOPO_4$) et KDP (KH_2PO_4) reconnues par leurs propriétés optique non linéaire [3-5], le KDP est utilisé comme doubleur de fréquence dans l'expérience Mégajoule [6].
- L'olivine $LiFePO_4$, matériau de choix dans les batteries à base de lithium [7].
- L'ultraphosphate de néodyme NdP_5O_{14} comme source de laser [8-9].
- Les phosphates piézoélectriques comme $AlPO_4$ et $GaPO_4$ [10].
- Les catalyseurs d'oxydation comme les phosphates $CuTi_2(PO_4)_3$ [11-13].

L'objectif de notre travail est la préparation, caractérisation spectroscopique (RMN, IR, Raman) et l'étude des propriétés électrique et diélectrique des diphosphates à base d'aluminium de formule $M^I AlP_2O_7$ avec M^I un cation monovalent.

Ce mémoire comprend quatre chapitres.

Le premier chapitre est consacré à une étude bibliographique sur les phosphates: leurs nomenclatures, structures et ces propriétés électriques et diélectriques. Le second chapitre rapporte une étude vibrationnel pour confirmer la présence du groupement $P_2O_7^{4-}$, une étude par spectroscopie RMN et enfin une étude par spectroscopie d'impédance complexe pour investiguer les propriétés électriques du composé $NaAlP_2O_7$.

L'étude électrique, diélectrique et la détermination du mécanisme de conduction du composé $AgAlP_2O_7$ feront l'objet du troisième chapitre. Les composés mixtes $Na_{(1-x)}Ag_xAlP_2O_7$ (x = 0,4; x = 0,6 et x = 0,8) serons étudié dans le quatrième chapitre avec une comparaison des propriétés électrique des trois composés.

Introduction générale

Ce travaille est clôturé par une conclusion générale dans laquelle nous reprenons l'essentiel des différents résultats obtenus au cours de ce travail.

Références bibliographique:

[1] L. O. Hagman, P. Kierkegaard, Acta Chem. Scand. 22 (1968) 1822.
[2] J. B. Goodenough, H. Y. P Hong, J. A. Kafalas, Mat. Res. Bull. 11 (1976) 203.
[3] F. C. Zumsteg, J. D. Bierlein, T. E. Gier, J. Appl. Phys. 47 (1976) 4980.
[4] G. D. Stucky, M. L. F. Phillips, T. E. Gier, Chem. Mat. 1 (1989) 492.
[5] M. J. Runkel, J. J. Yoreo, W. D. Sell, D. Milam, Proc. SPIE. 3244 (1998)51.
   C. M. Staggs, M. Yan, M. J. Runkel Proc. SPIE (2000) doi:10.1117/12.425050
[6] C. Maunier, P. Bouchut, S. Bouillet, H. Cabane, R. Courchinoux, P. Defossez, J. C. Poncetta, N. Ferriou-Daurios, Opti Mat. 30 (2007) 88.
[7] A. K. Padhi, K. S. Nanjundaswany, J. B. Goodenough, J. Electrochem. Soc. 144 (1997) 1188.
[8] H. G. Danielmeyer, H. P. Weber, I. E. E. J. Quant. Elect. 8 (1972) 805.
[9] H. P. Weber, T. C. Damen, H. G. Danielmeyer, B.C. Tofield, Appl. Phys. Lett. 22(1973) 534.
[10] O. Cambon, J. Haines; G. Fraysse, J. Detaint, B. Capell, A. Van-der-Lee, J. Appli Physi.97 (2005) 7411.
[11] F. Cora, C. R. A. Catlow, A. Ercole, J. Mol. Catal. A 166 (2001) 87.
[12] F. Cavani, F. Trifiro, Chem. Rev. 88 (1988)18.
[13] C. Subrahmanyam, B. Viswanathan, T. K. Varadajan, J. Mol. Catal. A 223 (2004) 149.

CHAPITRE I :

Etude bibliographique

Introduction

Les composés de formule $M^I M^{III} P_2 O_7$ sont des diphosphates renfermant un ion monovalent et un ion trivalent qui leur confèrent des propriétés électriques et diélectriques intéressantes. Ce chapitre est consacré à l'étude bibliographique détaillée de la structure caractéristique de quelques phosphates de cette famille et éventuellement leurs conductivités ioniques. Le second partie est consacré à la description des phénomènes produits par l'interaction des champs électriques avec les matériaux ainsi les principaux mécanismes de transport de porteurs de charge dans les solides.

I. Etude bibliographique sur les phosphates

I. 1. Définition

Le terme phosphate désigne un composé qui se présente sous la forme d'un tétraèdre dont les sommets sont formés par les quatre atomes d'oxygène encadrant un atome de phosphore (figure. I. 1).

Dans le cas où un ou plusieurs de ces atomes d'oxygène sont remplacés par d'autres atomes (F, S, ..), ces derniers composés sont dits "phosphates substitués".

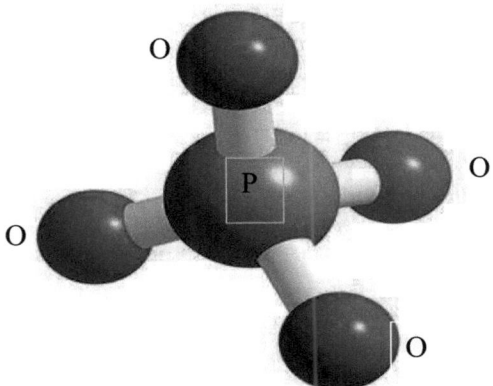

Figure I. 1: Un tétraèdre de phosphore

I. 2. Classification des phosphates

Suivant le rapport O/P qui désigne le nombre d'atomes d'oxygènes sur celui d'atomes de phosphore dans l'anion phosphate concerné, on classifie les phosphates suivant trois groups [1-3]:

- Les oxyphosphates: O/P > 4,
- Les monophosphates : O/P = 4,
- Les phosphates condensés: O/P < 4.

I. 2. 1. Les oxyphosphates

Les oxyphosphates sont les phosphates les plus riches en oxygène. Ils contiennent des atomes d'oxygène n'appartenant pas à l'entité anionique $(PO_4)^{3-}$. Ces composés sont alors définis comme ayant une formule globale correspondant au rapport O/P > 4.

I. 2. 2. Les monophosphates

Les monophosphates sont caractérisés par une entité anionique très simple $(PO_4)^{3-}$ isolé. Ces groupements sont formés par un atome de phosphore central entouré par quatre atomes d'oxygène situés aux sommets d'un tétraèdre. Ils étaient connus pour une longue période sous le nom des orthophosphates. Les monophosphates sont les plus nombreux, non seulement parce qu'ils furent les premiers à être étudiés, mais aussi parce qu'ils sont les plus stables.

I. 2. 3. Les phosphates condensés

Le terme "phosphates condensés" est appliqué à des sels contenant des entités anioniques variables constituées par des tétraèdres PO_4 partageant un sommet. Dans cette famille le rapport O/P est compris dans l'intervalle]2,5 ; 4[. Ces composés sont caractérisés par l'existence de la liaison P-O-P. Cette liaison résulte de la condensation de l'anion tétraédrique $[PO_4]^{3-}$ qui est l'unité de base des phosphates condensés. Selon leur degré de condensation on distingue plusieurs configurations anioniques des phosphates.

I. 2. 3. a. Les polyphosphates

Le premier type de condensation correspond à une liaison linéaire progressive, en partageant les sommets des tétraèdres PO_4, cette association conduit à la formation de chaînes finies ou infinies. La formule générale de ces anions est donnée par: $[P_nO_{3n+1}]^{(n+2)-}$. Les premiers termes de cette condensation, correspondant à de petites valeurs de n, sont couramment nommés oligophosphates et sont aujourd'hui bien caractérisés jusqu'à n = 5. Les figures (I. 2) et (I. 3) montrent deux exemples de ces anions.

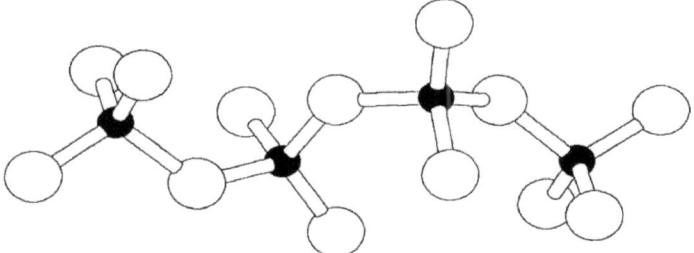

Figure I. 2: Représentation du groupement anionique $(P_4O_{13})^{6-}$ linéaire.

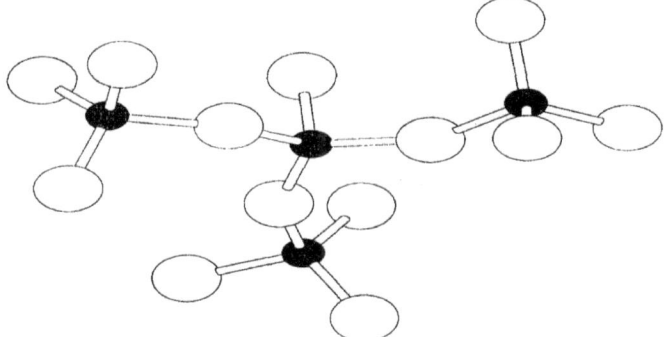

Figure I. 3: Représentation du groupement anionique $(P_4O_{13})^{6-}$ ramifié.

Lorsque n devient grand, le rapport O/P → 3 et l'anion peut être décrit comme une chaîne infinie d'entités $(PO_3)_n$. Les phosphates correspondants sont communément appelés polyphosphates à longue chaîne ou plus simplement polyphosphates.
Le tableau I. 1 donne un exemple de nomenclature des polyphosphates.

Tableau I. 1: Nomenclature des polyphosphates ancienne et actuelle.

Nombre d'atomes de P	Anions	Nomenclature Ancienne	Nomenclature Actuelle
2	$[P_2O_7]^{4-}$	Pyrophosphates	Diphosphate
3	$[P_3O_{10}]^{5-}$	Tripolyphosphates	Triphosphates
4	$[P_4O_{13}]^{6-}$	Tetrapolyphosphates	Tetraphosphates
5	$[P_5O_{16}]^{7-}$	Pentapolyphosphates	Pentaphosphates

I. 2. 3. b. Les cyclophosphates

Le deuxième type de condensation correspond à la formation des anions cycliques toujours construit par un ensemble de tétraèdres PO_4 partageant les sommets menant à la formule anionique suivante: $[P_nO_{3n}]^{n-}$.

Ces cycles sont maintenant bien caractérisés pour n = 3, 4, 5, 6, 8, 9, 10 et 12. La figure I. 4 représente un exemple de cyclophosphate [4].

Le tableau I. 2 donne un exemple de nomenclature des cyclophosphates.

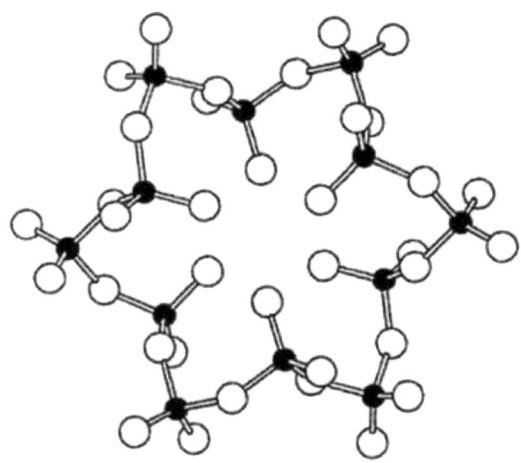

Figure I. 4: Le cycle $P_{12}O_{36}$ dans le composé $Cs_3V_3P_{12}O_{36}$

Tableau I. 2: Nomenclature des cyclophosphates.

Nombre d'atomes de P	Anions	Nomenclature Ancienne	Nomenclature Actuelle
3	$[P_3O_9]^{3-}$	Trimétaphosphates	Cyclotriphosphates
4	$[P_4O_{12}]^{4-}$	Tétramétaphosphates	Cyclotétraphosphates
5	$[P_5O_{15}]^{5-}$	Pentamétaphosphates	Cyclopentaphosphates
6	$[P_6O_{18}]^{6-}$	Héxamétaphosphates	Cyclohexaphosphates
8	$[P_8O_{24}]^{8-}$	Octamétaphosphates	Cyclooctophosphates
9	$[P_9O_{27}]^{9-}$	Nonamétaphosphates	Cyclononaphosphates
10	$[P_{10}O_{30}]^{10-}$	Decamétaphosphates	Cyclodécaphosphates
12	$[P_{12}O_{36}]^{12-}$	Dodécamétaphosphates	Cyclododécaphosphates

I. 2. 3. c. Les ultraphosphates

Ce sont les phosphates les plus riches en phosphore ($5/2 < O/P < 3$). Un tétraèdre PO_4 peut partager jusqu'à trois atomes d'oxygène avec ses voisins ce qui explique le développement tridimensionnel de l'anion. La formule générale de l'anion ultraphosphate est $[P_{(2m+n)}O_{(5m+3n)}]^{n-}$, m et n étant des entiers. A ce jour, les seuls anions caractérisés de ce type sont ceux correspondant à $m = 1$ et dont la formule générale est donnée par: $[P_{n+2}O_{3n+5}]^{n-}$. Ces anions sont maintenant bien connus pour n = 1, 2, 3, 4, 5 et 6. La figure I. 5 représente un exemple d'un anion ultraphosphate [5].

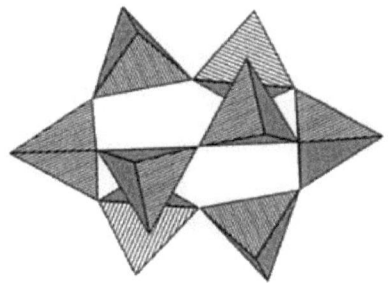

Figure I. 5: Un ultraphosphate $[P_8O_{23}]^{6-}$ dans le composé $FeNa_3P_8O_{23}$.

Tableau I. 3: Nomenclature des ultraphosphates

N	anions	Nomenclature correspondants
1	$[P_3O_8]^-$	Mono-ultraphosphates
2	$[P_4O_{11}]^{2-}$	Di-ultraphosphates
3	$[P_5O_{14}]^{3-}$	Tri-ultraphosphates
4	$[P_6O_{14}]^{4-}$	Tetra-ultraphosphates
5	$[P_7O_{20}]^{5-}$	Penta-ultraphosphates
6	$[P_8O_{23}]^{6-}$	Hexa-ultraphosphates

I. 3. Domaines d'applications des phosphates

Grâce à la richesse structurale des phosphates, les propriétés physico-chimiques qui leur sont associes sont très variées. Elles sont liées a la nature du ou des éléments associes aux groupements phosphates. Certains phosphates dont la structure est non centro-symétrique ont des applications en optique non linéaire, par exemple pour la fabrication de lasers [6,7]. Des propriétés de ferro-élasticité sont également observées pour les ultraphosphates [6]. Des phosphates d'aluminium ou de gallium sont utilises dans l'industrie pétrochimique [8-11]. Certains phosphates d'éléments de transition sont également utilises comme catalyseurs d'oxydoréduction [12-16].

Les matériaux insérant des cations A de petite taille comme le lithium, le sodium ou l'argent sont particulièrement étudient pour les applications de conduction ionique.

II. Structures des matériaux diphosphates de formule $M^IM^{III}P_2O_7$

Les diphosphates de formule générale $M^IM^{III}P_2O_7$ constituent l'une des plus importantes familles des phosphates condensés. Au début, trente huit diphosphates de type $M^IM^{III}P_2O_7$ (M^I=Na, K, Rb, Cs, Tl, Ag ; M^{III}=Al, Cr, Ga, Fe, In, Y et quelques ions terres rares) ont été préparés et étudiés par difraction des Rayons X [17]. La classification de ces diphosphates suivant trois familles structurales a été faite suite à une étude vibrationnelle qui fait intervenir la nature des cations monovalents à l'exception des sels de terres rares et d'yttrium dont la structure dépend à la fois de la taille des cations monovalents et trivalents. Après, une deuxième série de diphosphates de formule $NaLnP_2O_7$ (Ln = La,…..Lu) a été préparée [18]. Les diphosphates $MLnP_2O_7$ (M = K, Rb, Cs) ont été isolés uniquement avec la deuxième séries des ions terre rares (Ln = Tb,…Lu) [19]. Une étude par diffraction des rayons X a permis de classer ces composés suivant différentes familles structurales [17- 20].

Type I : $KM^{III}P_2O_7$ (M^{III} =Al[21], Mo[22], Fe [23]), $RbM^{III}P_2O_7$ (M^{III}=Mo[24], V[25], Fe [26, 27], Y [28]), $CsM^{III}P_2O_7$ (M^{III}=Fe[26, 27], Mo[29], Yb[30]). I-$NaFeP_2O_7$[31]. Ces composés cristallisent dans le système monoclinique de groupe d'espace $P2_1/c$.

Type II: $NaM^{III}P_2O_7$ (M^{III} =Fe [32], Mo [33], V [34], Al [35]), $AgFeP_2O_7$ [36], qui cristallises dans le système monoclinique de groupe d'espace $P2_{1/C}$

Type III: $LiM^{III}P_2O_7$ (M^{III} = In [37], V [38], Mo [39], Fe [40]) de structure monoclinique et de groupe d'espace $P2_1$ (Z=2). La structure connue d'une quatrième famille est celle de α-$NaTiP_2O_7$ [41]. Des composés de type $KM^{III}P_2O_7$ (M^{III} = Er, Y, Ho, et Dy) ont été étudiés par Gabelica et Tarte [17] et forment une cinquième famille. La structure de KYP_2O_7 a été effectuée par Hamady et col [42]. Ces matériaux cristallisent dans le système orthorhombique avec Cmcm comme groupe d'espace.

Ces mêmes auteurs ont effectués ensuite la structure de $NaYP_2O_7$ [43], qui révèle un nouvel arrangement structurale que cristallise dans le système monoclinique avec $P2_1$ comme groupe d'espace. La structure de $NaDyP_2O_7$ présenté par T. Shao-long et al, forme un nouvel arrangement structural.

Tableau I. 4: Données cristallographiques de quelques diphosphates de type $M^IM^{III}P_2O_7$ [44]

$M^IM^{III}P_2O_7$	G.S	a (Å)	b(Å)	c(Å)	β(°)	V(Å)^3
NaFeP$_2$O$_7$	P2$_{1/c}$	7,11	10,03	8,08	109,23	544,06
LiFeP$_2$O$_7$	P2$_{1/a}$	4,82	8,08	6,94	109,38	255,22
KAlP$_2$O$_7$	P2$_{1/c}$	7,30	9,66	8,02	106,69	542,87
NaAlP$_2$O$_7$	P2$_{1/c}$	7,19	7,69	9,31	111,73	479,10
NaCrP$_2$O$_7$	P2$_{1/c}$	7,28	7,83	9,48	111,77	502,98
LiCrP$_2$O$_7$	P2$_{1/a}$	4,79	8,00	6,90	109,02	250,55
RbYP$_2$O$_7$	P2$_{1/c}$	7,70	10,94	8,66	105,36	704,60
KYP$_2$O$_7$	Cmcm	5,71	9,21	12,24	-	640,00
LiVP$_2$O$_7$	P2$_{1/a}$	4,80	8,11	6,93	109,01	255,75
NaVP$_2$O$_7$	P2$_{1/c}$	7,32	7,93	9,58	111,96	516,30

Structure du composé NaFeP$_2$O$_7$

Le diphosphate à base de fer, NaFeP$_2$O$_7$ présente une transition de phase irréversible à 973K.

- I-NaFeP$_2$O$_7$ cristallise dans le système monoclinique (groupe d'espace P2$_{1/c}$) avec les paramètres de maille: a= 7,11 (4) Å, b = 10,03 (1) Å, c= 8,08(3)Å et β=109,23°. Il est isotype avec KFeP$_2$O$_7$ (fig. I. 6).
- II-NaFeP$_2$O$_7$ cristallise dans le système monoclinique (groupe d'espace P2$_{1/c}$) avec les paramètres de maille: a= 1,3244 (4) Å ; b = 7,9045 (1)Å ; c= 9,5145 (3)Å et β= 111,858° [45]. Il est isotype avec NaAlP$_2$O$_7$.

Les tétraèdres PO$_4$ partageant des sommets avec des polyèdres FeO$_6$. L'atome Fe est situé au milieu d'un octaèdre, avec des distances Fe-O allant de 1,99 (7) à 2,05 (1) Å et les angles O-Fe-O entre 84,32 et 94,30°. Les tétraèdres et les octaèdres délimitent des tunnels dans lesquels sont localisés les ions Na$^+$.

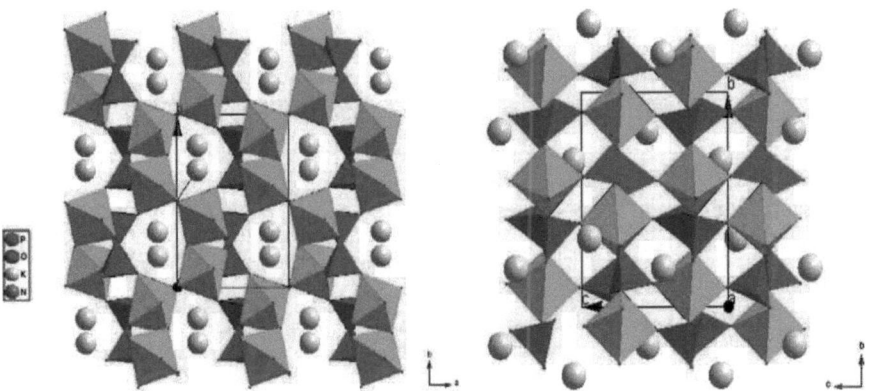

Figure I. 6: Projection de la structure KFeP$_2$O$_7$ sur le plan (110) et le plan (011) (Isotype avec I-NaFeP$_2$O$_7$)

Structure du composé KAlP$_2$O$_7$

KAlP$_2$O$_7$ cristallise dans le système monoclinique (groupe d'espace P2$_{1/C}$) avec les paramètres de maille suivant: a = 7,308 (8) Å, b = 9,662(6) Å, c = 8,025(4) Å et β = 106,69°(7). L'anion [P$_2$O$_7$]$^{4-}$ comprend une paire de groupes PO$_4$, ayant un sommet commun.

Les longueurs moyennes des liaisons P-O du pont et du bout sont respectivement de l'ordre 1,607 et 1,509 Å et l'angle P-O-P est 123,2°. Les anions sont situés dans des plans parallèles a (001). Les ions Al sont lies à six atomes d'oxygène venant des anions des couches de groupes P$_2$O$_7$. La longueur moyenne de la liaison Al-O est de l'ordre 1,889 Å. L'ion potassium est cordonné à dix atomes d'oxygène se trouvant à l'intérieur d'un tunnel [46] (fig. I. 7).

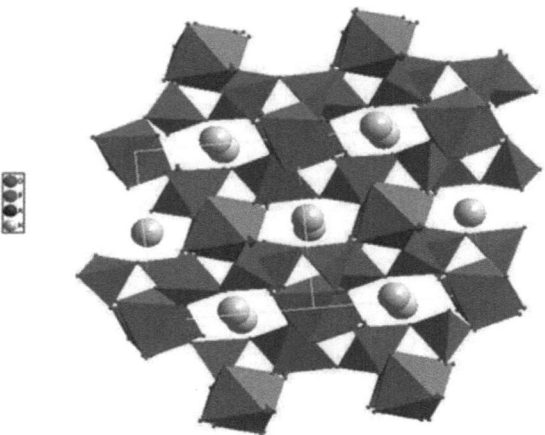

Figure I. 7: Projection de la structure $KAlP_2O_7$.

Structure du composé KYP_2O_7

Le composé KYP_2O_7 cristallise dans le système orthorhombique avec le groupe d'espace Cmcm [47]. L'arrangement structurale de ce composé est caractérisée par une charpente tridimensionnelle formée par des octaèdres YO_6 et des groupements diphosphates (P_2O_7), reliés au moyen de ponts Y-O-Y et disposés en couche alternées. Les polyèdres d'une même couche ne sont pas directement reliés entre eux, à l'exception des deux tétraèdres formant le groupement P_2O_7.

Tous les atomes d'oxygène sont mis en commun. Il en résulte que chaque octaèdre est entouré par six tétraèdres, appartenant à six groupements diphosphates différents, et chaque groupe P_2O_7 par six octaèdres.

Les distances Y - O varient entre 2,22 Å et 2,25 Å, les angles O-Y-O changent de 89,80° à 90,10°.

La figure I. 8 représente la projection de la structure du composé KYP_2O_7 sur le plan (110).

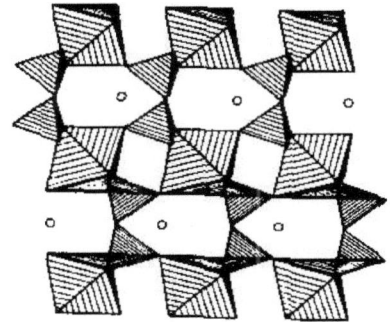

Figure I. 8: Projection de la structure KYP_2O_7 sur le plan (110).

Structure du composé $NaTiP_2O_7$

Le diphosphate $NaTiP_2O_7$ est un composé de la famille des diphosphates à cation monovalent. Il présente une transition de phases avec ses structures monocliniques α et β :

- La variété α-$NaTiP_2O_7$ cristallise dans le système monoclinique avec le groupe d'espace $P2_{1/C}$. Les paramètres de maille sont: a=8,679(1) Å; b = 5,239 (7); c = 13,293 (7) Å; et β = 116,54(1) ° [48].

- La variété β-$NaTiP_2O_7$ cristallise dans le système monoclinique avec le groupe d'espace $P2_{1/C}$. Les paramètres de maille sont : a = 7,394(1) Å; b= 7,936(3) Å; c = 9,726(3) Å et β = 111,85(2). β-$NaTiP_2O_7$ est isotype avec $NaFeP_2O_7$ [48].

Les deux structures sont constituées des octaèdres TiO_6 partager leurs coins avec le groupement P_2O_7 (Figs. I. 9 et I. 10), formant un empilement alterné de couches octaédriques et des couches de phosphate parallèles à (001). La configuration du groupe P_2O_7 est différente dans les deux structures: il est presque éclipsé dans β-$NaTiP2O7$, et décalés dans α-$NaTiP_2O_7$.

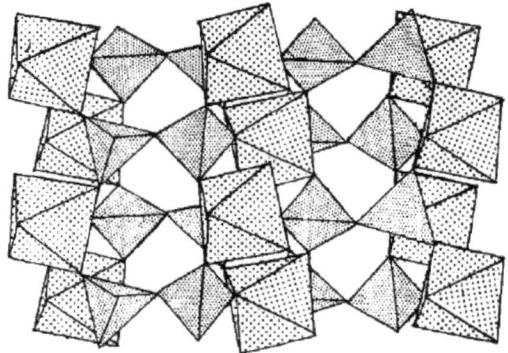

Figure I. 9: Projection de la structure α-NaTiP$_2$O$_7$ selon la direction a.

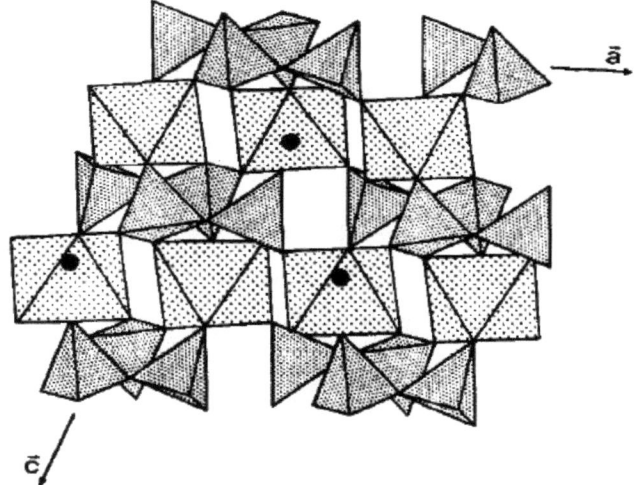

Figure I. 10: Projection de la structure β-NaTiP$_2$O$_7$ selon la direction b.

III. Propriétés électriques de quelques composés de formule M^{I}M^{III}P$_2$O$_7$

Nous avons choisi de représenter les propriétés électriques de quelques composés M^{I}M^{III}P$_2$O$_7$ à partir de la spectroscopie d'impédance complexe.

La conductivité du matériau σ_p, déterminée par la spectroscopie d'impédance complexe est déduite de la résistance intra-granulaire par la relation suivante:

$$\sigma_p = \frac{e}{R*S}(\Omega cm)^{-1}$$

où; e est l'épaisseur de l'échantillon; R est sa résistance et S la surface de la pastille.

III. 1. Propriétés électriques de $KFeP_2O_7$

La variation de la partie imaginaire de l'impédance complexe (-Z") en fonction de la partie réel Z' pour différentes températures pour le composé $KFeP_2O_7$ [49] est rapportée sur la figure I.11. Tous les courbes contiennent deux arcs de cercles.

Le premier arc de cercle situé à hautes fréquences représente la réponse des grains et donne lieu à la résistance intra-granulaire (R_g). Le second arc obtenu aux basses fréquences correspond à la réponse des joints de grains avec sa résistance associée (R_{jg}).

Le circuit équivalent du composé $KFeP_2O_7$ est formé par une résistance (R_g//CPE_g) en serie avec (R_{jg}//CPE_{jg}).

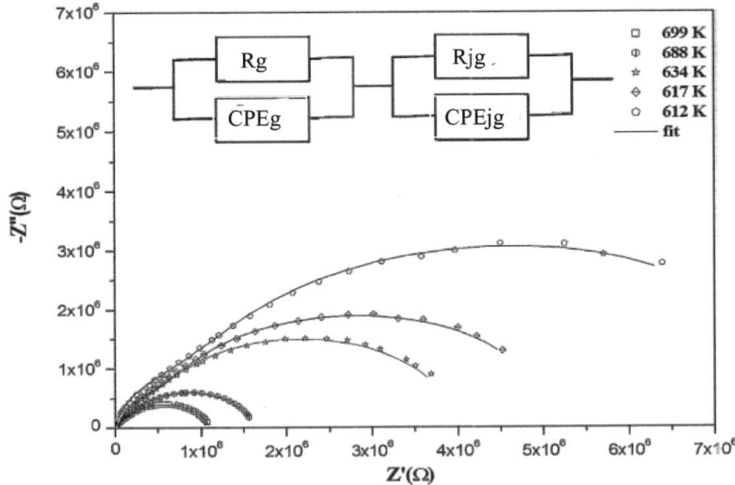

Figure I. 11: Variation de la partie imaginaire de l'impédance complexe (–Z") en fonction de la partie réel (Z') du composé $KFeP_2O_7$.

L'étude de la conductivité en courant alternatif de $KFeP_2O_7$ en fonction de la fréquence angulaire, représentée dans la figure (I-12), est analysée en utilisant la loi de Jonscher développé.

$$\sigma_{ac}(\omega) = \frac{\sigma_s}{1+\tau^2\omega^2} + \frac{\sigma_\infty \tau^2 \omega^2}{1+\tau^2\omega^2} + A\omega^s \qquad (2)$$

avec σ_s le valeur de la conductivité σ_{ac} à basse fréquence, σ_∞ : le valeur de la conductivité σ_{ac} à haute fréquence, A : une constante dépendante de la température et s : est un paramètre qui représente le degré d'interaction entre les ions mobiles et les environnements qui les entourent.

Les énergies d'activations déterminées à partir de la conductivité de grain (0,94 eV) et à partir de la fréquence de saut (0,90 eV) sont proches. Ce résultat prouve que la conduction est probablement assurée par un mécanisme de saut simple.

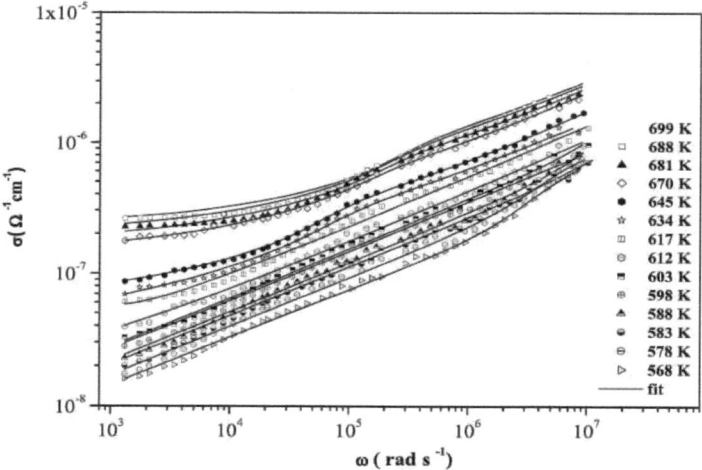

Figure I. 12: Variation de la conductivité du composé $KFeP_2O_7$ en fonction de la fréquence à différentes températures.

III. 2. Propriétés électriques de $KAlP_2O_7$.

La figure I. 13 montre quelques diagrammes d'impédance complexe (diagramme de Nyquist) -Z"= f (Z'). A partir de ces courbes, les points expérimentaux se localisent sur des arcs de cercles passant au voisinage de l'origine et ayant des centres au dessous de l'axe des réels avec une déviation à basse fréquence. L'évolution des courbes avec la température montre le comportement thermique de la résistance du matériau. Toute augmentation de la température est accompagnée d'une diminution de la résistance.

Le circuit électrique équivalent de ce matériau est formé par une cellule constituée par une combinaison (R_g // CPE_g) en série avec CPE [50].

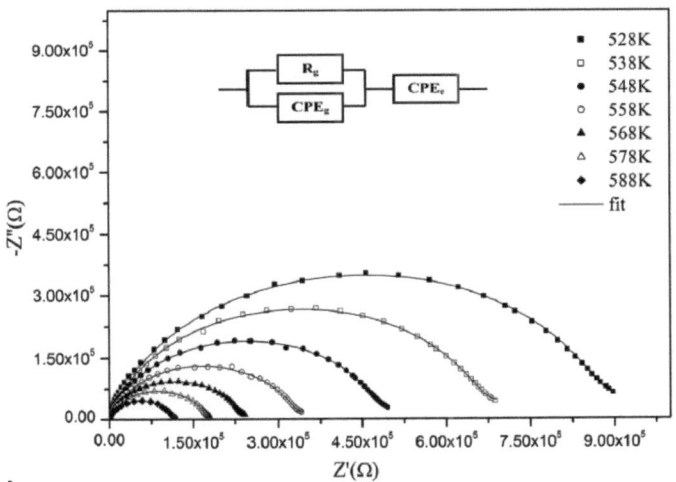

Figure 13: Courbe d'impédance complexe du composé $KAlP_2O_7$ pour différents températures.

Le phénomène de dispersion de la conductivité σ_{ac} est généralement analysé en utilisant la loi de Jonscher :

$$\sigma_{ac} = \sigma_{dc} + A\omega^n$$

avec σ_{dc} représente la conductivité en courant continu, σ_{ac} en courant alternatif, A est une constante qui dépend de la température et n ($0 \leq n \leq 1$) est un paramètre sans dimension caractéristique de la dispersion dans le matériau, il mesure le degré d'interaction entre les ions mobiles et leur environnement.

Les énergies d'activation pour la composée $KAlP_2O_7$ déterminé à partir de la conductivité et à partir de modulus sont différentes, ce qui nous permet de valider que la conduction observée dans ce composé n'est pas assurée par un mécanisme de saut simple.

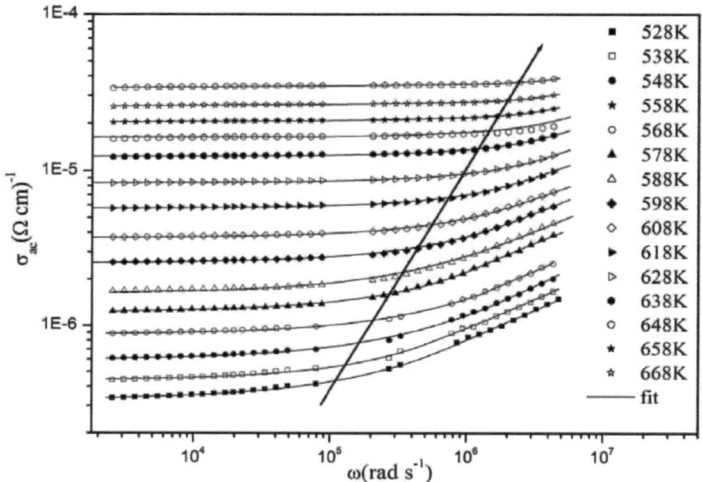

Figure I. 14: Variation de la conductivité du composé $KAlP_2O_7$ en fonction de la fréquence pour différentes températures.

Les valeurs de l'exposant s déterminée à partir de l'ajustement des courbes de σ_{ac}, augmente avec la température (fig. I. 14). Ce comportement peut être décrit par un modèle de type NSPT (conduction par tunnel de petit polaron).

III. 3. Propriétés électriques de $NaCrP_2O_7$.

La variation logarithmique de la conductivité ($\sigma_{dc}T$) et de la fréquence de saut (ω_h) en fonction de l'inverse de la température du composé $NaCrP_2O_7$ [51] sont représentés sur la figure I. 15. Ces courbes présentent un comportement de type Arrhenius. Les énergies d'activation issues des deux variations sont de l'ordre E_σ=1,01 eV, E_ω = 0,99 eV. Les énergies d'activations déterminées à partir de la conductivité

(E_σ) et de la fréquence de saut (E_ω) sont proches. Ce résultat prouve que la conduction est probablement assurée par un mécanisme de saut simple.

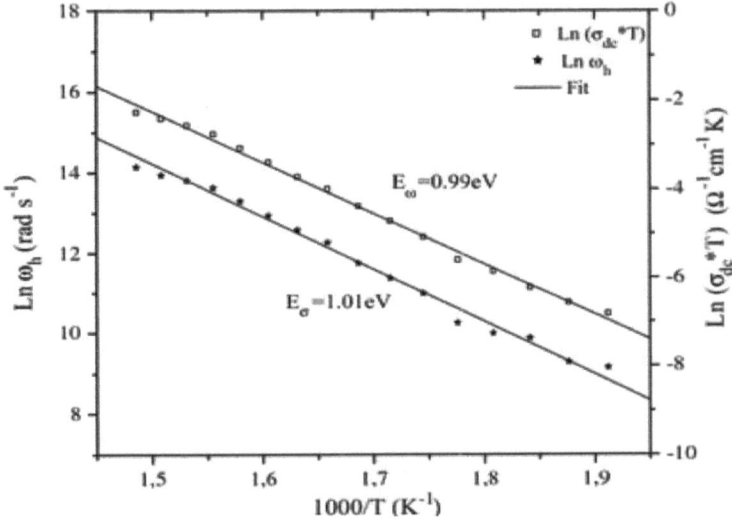

Figure I. 15: Variations des Ln ($\sigma_{dc}T$) et Ln (ω_h) en fonction de l'inverse de la température du composé NaCrP$_2$O$_7$.

IV. Polarisation

Un diélectrique possède des dipôles électrique dont le moment à pour expression: $\vec{\mu} = Q * \vec{d}$ avec Q: charge ponctuelle et d: distance séparant les charges. L'application d'un champ électrique tend à aligné ces dipôles dans la direction du champ. Le vecteur polarisation $\vec{P}$ correspond à la densité des moments dipolaire $\vec{P} = \frac{d\vec{\mu}}{d\tau}$.

La permittivité totale ε_t d'un diélectrique est l'aptitude du matériau à se polariser dans un champ, à cause des déplacements en sens opposés des charges positives et négatives [52].

$$\varepsilon_t = \frac{C}{C_0}\varepsilon_0 = \varepsilon_r * \varepsilon_0 \qquad (1)$$

Ou C : est la capacité du condensateur rempli d'un matériau diélectrique.

C_o : la capacité géométrique (ou capacité du condensateur vide).

ε_o : la permittivité du vide.

Du point de vue macroscopique, la polarisation $\vec{P}$ d'un matériau est reliée au champ électrique extérieur appliqué $\vec{E}$ et au déplacement électrique $\vec{D}$ dans le cas de faibles champs appliqués, par les relations suivantes :

$$\vec{P} = \chi\varepsilon_0\vec{E} = (\varepsilon_r - 1)\varepsilon_0\vec{E} \quad (2)$$

$$\vec{D} = \varepsilon_0\varepsilon_r\vec{E} = \vec{P} + \varepsilon_0\vec{E} \quad (3)$$

Où : ε_r est la permittivité relative (ou constant diélectrique) du matériau et χ est la susceptibilité diélectrique du matériau ($\varepsilon = 1 + \chi$).

La polarisation globale résulte de plusieurs contributions.

$$\vec{P} = \vec{P}_e + \vec{P}_i + \vec{P}_d + \vec{P}_c$$

Avec

$\vec{P}_e$: polarisation électronique

$\vec{P}_i$: polarisation atomique

$\vec{P}_d$: polarisation par orientation

$\vec{P}_c$: polarisation par charges d'espace

IV. 1. Polarisation électronique P_e

Lorsqu'on applique un champ électrique à un atome ou à un ion, le nuage électronique se déforme et il apparaît un dipôle induit de moment dipolaire qu'on peut exprimer sous la forme: $\vec{P} = \varepsilon_0\alpha_e\vec{E}_{loc}$ Où α_e représente la polarisabilité électronique de l'atome ou de l'ion considéré et $\vec{E}_{loc}$ est le champ électrique local. Lorsque le champ électrique appliqué est sinusoïdal de pulsation ω, le nuage électronique se comporte comme un oscillateur forcé de masse m et de pulsation propre ω_0 située dans le domaine du visible et de l'ultraviolet. Ce mécanisme s'établit pendant un temps très court et reste actif jusqu'aux fréquences optiques (10^{14} à 10^{16}Hz) (fig I. 16).

Figure I. 16: Mise en évidence de la polarisation électronique.

IV. 2. Polarisation ionique

La polarisation ionique correspond à la vibration des ions les uns par rapport aux autres, ceux-ci étant plus lourds et donc moins mobiles que les électrons, cette polarisation se manifeste à des fréquences plus basses (10^{10} à 10^{13}Hz) (fig I. 17).

Figure I. 17: représentation schématique de la polarisation ionique

Pour les deux mécanismes de polarisation (électronique et atomique), les charges se comportent comme des oscillateurs harmoniques. Après suppression du champ, les charges retournent à leurs positions d'équilibre en effectuant des oscillations dont l'amplitude dépend des forces d'amortissement du milieu.

IV. 3. Polarisation d'orientation

Certaines molécules possèdent un moment dipolaire permanent. A l'échelle macroscopique, aucune polarisation n'est décelable à cause de l'agitation thermique qui oriente de manière aléatoire ces dipôles. Sous l'effet d'un champ électrique, la molécule tend à s'orienter dans le sens du champ. Il faut que les molécules ou le groupement d'atomes puisse s'orienter dans la direction du champ électrique. Ce type de polarisation se manifeste à des fréquences de 10^3 à 10^9 Hz (fig I. 18).

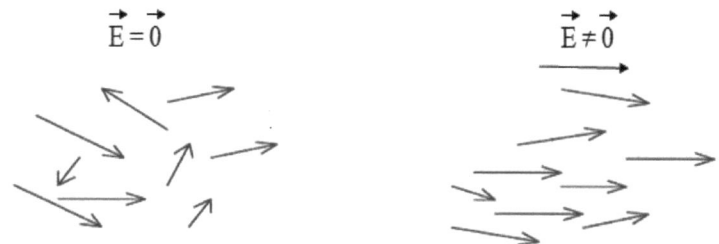

Figure I. 18: Représentation schématique de la polarisation d'orientation.

IV. 4. Polarisation par charges d'espace

La polarisation par charges d'espace apparaît dans les matériaux hétérogènes avec des temps de relaxation plus longs que la polarisation d'orientation et il faut que le matériau contient des charges libres. Sous l'influence du champ électrique, ces porteurs se déplacent et ont tendance à se rencontrer par exemple soit autour d'un défaut, soit au joint de grains d'une céramique. Cette accumulation locale de charges provoque la création de dipôles (figure I. 19). Seules les basses fréquences sont concernées par ce type de polarisation (10^{-3} à 10^5 Hz).

Figure I.19: Représentation schématique de la polarisation par charges d'espace

Chaque type de polarisation apparaît dans un domaine de fréquence qui lui est propre (figure I. 20).

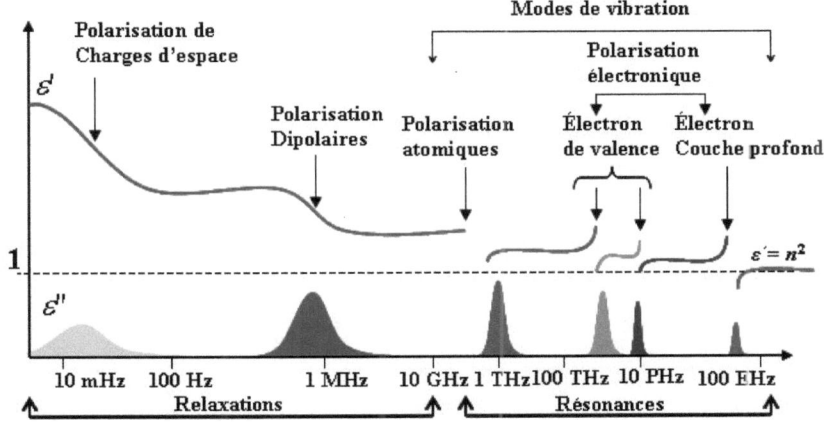

Figure I. 20: Variations en fréquence des parties réelle et imaginaire de la permittivité diélectrique

V. Modèles de relaxation diélectrique

Chaque type de polarisation apparaît dans un domaine de fréquence qui lui est propre. De plus, lorsque la fréquence du champ appliqué augmente, le nombre de mécanismes participant à la polarisation diminue. De plus, un déphasage peut se produire entre le basculement du champ et la réorientation des dipôles; ce phénomène est à l'origine de la dissipation d'une partie de l'énergie du champ dans le matériau autour d'une fréquence f_r dite fréquence de relaxation.

Une relaxation peut être détectée à partir de l'étude de la variation fréquentielle de la partie réelle de la permittivité ε', de la partie imaginaire de la permittivité ε'', de la perte diélectrique $\tan(\delta)$ ainsi que du modulus électrique complexe M*. Il Y'a divers modèles qui décrivent les mécanismes de relaxation dans un matériau, chacun d'eux est caractérisé par une expression donnant la permittivité diélectrique.

V. 1. Modèle de Debye

La relaxation dipolaire simple, découverte par Debye [53], est un processus qui existe pour des structures en état purement visqueux sans force d'interaction entre les dipôles. Dans cette relaxation l'évolution de la permittivité en fonction de la fréquence peut être décrite par:

$$\varepsilon^*(\omega) = \varepsilon_\infty + \frac{\varepsilon_s - \varepsilon_\infty}{1 + i\omega\tau} \quad (4)$$

où ω est la pulsation, τ est le temps de relaxation dipolaire, ε_∞ est la constante diélectrique à très hautes fréquences, et ε_s est la permittivité statique à basses fréquences, ($\varepsilon_s - \varepsilon_\infty$) est la force diélectrique de la relaxation.

Le temps de relaxation τ est calculé à partir de la relation $\omega_0\tau = 1$, où ω_0 est la fréquence caractéristique qui correspond au maximum de dissipation de l'énergie dans le matériau. La décomposition de cette équation en ses parties réelles et imaginaires s'écrit :

$$\varepsilon' = \varepsilon_\infty + \frac{\varepsilon_s - \varepsilon_\infty}{1 + \omega^2\tau^2} \quad (5)$$

$$\varepsilon'' = \frac{\omega\tau(\varepsilon_s - \varepsilon_\infty)}{1 + \omega^2\tau^2} \quad (6)$$

Les variations des parties réelle et imaginaire de la permittivité en fonction de la fréquence sont reportées sur la figure I. 21.

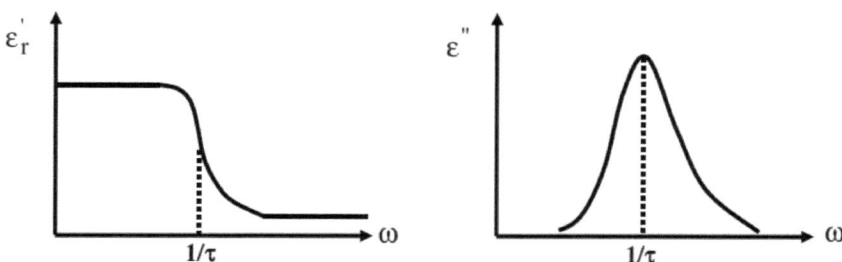

Figure I. 21: Variations de ε' et ε'' en fonction de la fréquence correspondant au modèle de Debye.

Une autre représentation est aussi possible, il s'agit du diagramme de Nyquist (ε" = f (ε')). La courbe obtenue est alors un demi-cercle centré sur l'axe des abscisses au point $\frac{\varepsilon_s + \varepsilon_\infty}{2}$ (figure I. 22).

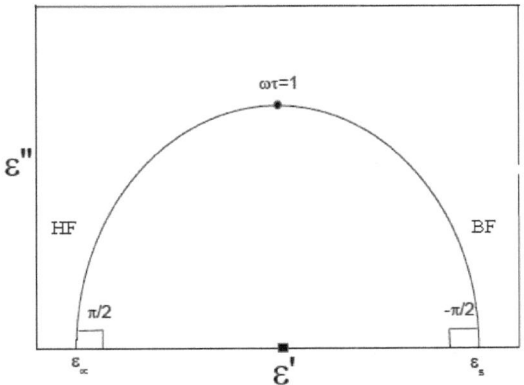

Figure I. 22: Variation de la partie imaginaire en fonction de la partie réelle de la permittivité

Le modèle de Debye considère "un ensemble de dipôles identiques sans interaction entre eux sautant entre deux orientations préférentielles séparées par une barrière de potentiel". Debye suppose donc l'existence d'un temps de relaxation unique. Les relaxations observées dans les systèmes réels s'écartent du modèle de Debye. Donc des corrections ont été proposées sur l'hypothèse de Debye.

V. 2. Modèle de Cole-Cole

De nombreux résultats expérimentaux sont représentés dans le plan complexe par un cercle dont le centre est situé en dessous de l'axe des réels. On peut utiliser l'équation de Debye modifiée par Cole-Cole [54]:

$$\varepsilon^*(\omega) = \varepsilon_\infty + \frac{\varepsilon_s - \varepsilon_\infty}{1 + (j\omega\tau)^\alpha} \qquad (7)$$

avec α le facteur de distribution des temps de relaxation (0<α<1). Le cas particulier où α = 1 correspond à un temps de relaxation unique (modèle de Debye). L'introduction du paramètre α a pour effet de décentrer (au-dessous) de l'axe des abscisses le diagramme de Nyquist correspondant (figure I. 23).

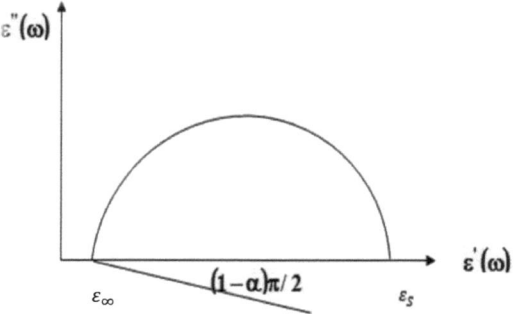

Figure I. 23: Représentation de l'équation de Cole-Cole.

V. 3. Modèle de Cole-Davidson

Davidson et Cole [55] ont proposé pour la permittivité l'expression:

$$\varepsilon^*(\omega) = \varepsilon_\infty + \frac{\varepsilon_s - \varepsilon_\infty}{(1+j\omega\tau)^\beta} \quad (8)$$

Où $0 < \beta < 1$ décrit l'asymétrie de la distribution des temps de relaxation.

Le diagramme d'Argand correspondant à la forme d'un arc de cercle biaisé vers les hautes fréquences (figure I. 24).

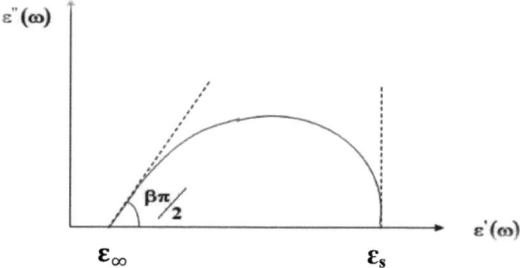

Figure I. 24: Représentation de l'équation de Cole-Davidson

V. 4. Modèle de Havriliak –Negami

Havriliak et Negami ont analysé les données de relaxation de nombreux matériaux et ils ont montré les limites des équations existantes, en proposant la généralisation suivante [56]:

$$\varepsilon^*(\omega) = \varepsilon_\infty + \frac{(\varepsilon_s - \varepsilon_\infty)}{\left(1 + (i\omega\tau)^\alpha\right)^\beta} \qquad (9)$$

$0 \leq \alpha \leq 1$ et $0 \leq \beta$

Les expressions de Cole-Cole est retrouvée lorsque β=1 et 0< α < 1.
Lorsque α=1et 0< β < 1 on trouve l'expression de Davidson-Cole. L'expression simple de Debye correspond à α = β = 1. Dans ce cas, les diagrammes de relaxation sont plus étalés que ceux prédits par Debye (comme avec l'équation de Cole-Cole) et asymétriques (comme dans le cas de l'équation de Cole-Davidson).

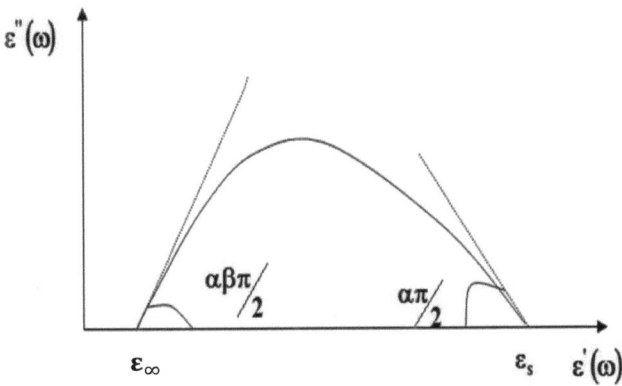

Figure I. 25: Représentation de l'équation de Havirliak Negami.

VI. La conductivité ionique

Dans la plupart des solides ioniques, les ions sont bloqués dans leurs sites cristallographiques même s'ils vibrent de façon continue, ils ont rarement suffisamment d'énergie thermique pour en sortir. S'ils peuvent se déplacer vers des sites cristallographiques adjacents, différents phénomènes sont alors envisageables tels que la conductivité ionique par migration, par sauts ou par diffusion.

La conductivité ionique est favorisée par la présence au sein du matériau de défauts. En effet, le matériau doit nécessairement posséder des sites vacants (les ions adjacents peuvent alors occuper ces lacunes, laissant leur propre site vide) ou des ions en sites interstitiels (se déplaçant vers d'autres sites interstitiels).

Le mécanisme de transport peut se matérialiser par une série de sauts au-dessus de barrières de potentiel, qui permet aux ions de se mouvoir d'un site à un autre [57]. Ces barrières de potentiel sont créées par la structure locale du matériau et sont modifiées par le champ électrique extérieur appliqué. La figure I.26 décrit cette situation.

La conductivité est aussi favorisée par une température élevée; les ions possèdent une énergie thermique plus importante et suffisante pour se déplacer, de plus la concentration en défauts augmente. Les matériaux possédant une structure à tunnels ou à couches au sein de laquelle les ions peuvent se déplacer facilement présentent généralement une forte conductivité ionique.

Nous allons nous intéresser aux deux mécanismes principaux de transport ionique : le mécanisme lacunaire et le mécanisme interstitiel, en les illustrant par un exemple [58].

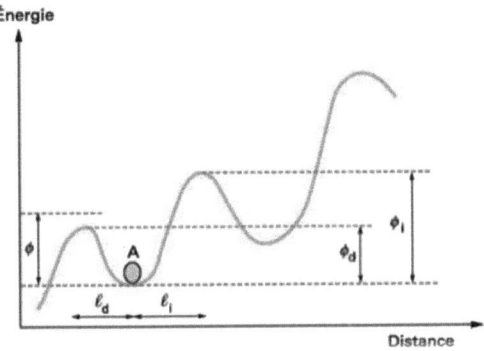

Figure I. 26: Ion A dans une série de puits de potentiels soumis à un champ électrique extérieur.

VI. 1. Le mécanisme lacunaire

C'est le mécanisme de diffusion le plus courant et le plus simple. En effet, les défauts ponctuels de type lacune sont prédominants dans de nombreuses classes de solides. Il correspond au saut d'un ion donné, proche voisin d'un site vacant vers celui-ci. La lacune est ainsi déplacée sur le site de l'ion qui vient de migrer. Durant cette migration, le nombre de lacunes est conservé. De plus, la migration de l'ion ne peut avoir lieu que si ce dernier est voisin d'une lacune et s'il possède une énergie suffisante pour sauter de sa position initiale vers la lacune. Cette énergie est appelée énergie d'activation ou enthalpie de migration. La diffusion lacunaire engendre une énergie d'activation assez faible (fig I. 27)

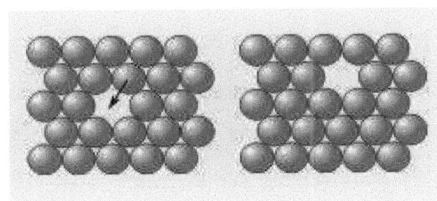

Figure I. 27: Mécanisme lacunaire.

VI. 2. Le mécanisme interstitiel

Il correspond au passage d'un atome d'une position interstitielle donnée vers une autre position interstitielle voisine et inoccupée. Il a eu lieu lorsque la grande majorité des défauts sont des atomes interstitiels. Dans ce type de mécanisme de diffusion, la barrière de potentiel à franchir est en partie abaissée. En effet, les atomes voisins de l'atome interstitiel qui migre sont déjà déplacés de leur position d'équilibre dans la mesure où l'atome interstitiel provoque une distorsion du réseau cristallin. En outre, du fait de la forte énergie nécessaire pour créer ce type de défaut dans les conditions d'équilibre thermique, ce mécanisme n'est pas très fréquent.

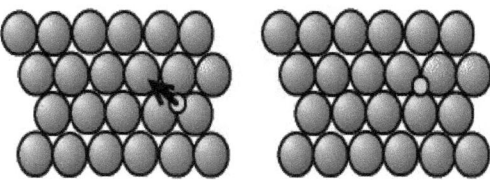

Figure I. 28: Mécanisme interstitiel.

VII. Dépendance en température et en fréquence de la conductivité

VII. 1. Dépendance en température de la conductivité

Pour les basses fréquences, c'est-à-dire inférieure à 10 kHz, la conductivité est constante pour une température donnée. Elle correspond à la conductivité en régime continue σ_{dc}, son expression s'écrit:

$$\sigma_{dc} = \frac{e}{RS}$$

avec e est l'épaisseur de l'échantillon, S est sa surface et R sa résistance.

On observe généralement que σ_{dc} varie dans une échelle semi-logarithmique en fonction de l'inverse de la température suivant deux types de comportement : un comportement d'Arrhenius pour tous les diélectriques [59] et un comportement de type Vogel – Fulcher –Tammann (VFT) dans les polymères amorphes [60].

VII. 1. 1. Comportement d'Arrhenius

Le comportement d'Arrhenius [61] décrit une dépendance linéaire, dans ce diagramme l'équation est la suivante :

$$\sigma_{dc} = \sigma_0 \exp\left(\frac{-E_a}{K_B T}\right)$$

Où : Ea est l'énergie d'activation et K_B est la constante de Boltzmann (k_B= 3.61 10^{-5} eVK^{-1})

VII. 1. 2. Comportement de Vogel-Fulcher-Tammann

L'équation de Vogel-Fulcher-Tammann (VFT) [62] décrit une dépendance non-linéaire dans le diagramme d'Arrhenius :

$$\sigma_{dc}(T) = \sigma_0 \exp\left(\frac{B}{T - T_0}\right)$$

Dans ce cas B et T_0 sont des constantes. Ce type de comportement est observé sur des polymères dans une gamme de températures supérieures à la température de transition vitreuse (entre T_g et T_g+100°C) [63]

VII. 2. Dépendance en fréquence de la conductivité

VII. 2. 1. Comportement universel

La conductivité des matériaux diélectriques en champ alternatif est caractérisée par une valeur indépendante de la fréquence dans la région des basses fréquences et une valeur critique où la conductivité commence à augmenter de manière monotone [64]. Généralement la conductivité électrique est décrite par la loi :

$$\sigma(\omega, T) = \underbrace{\sigma_{dc}}_{1} + \underbrace{A(T) * \omega^s}_{2}$$

Le premier terme de la conductivité s'identifie aux basses fréquences (palier) et correspond à la conductivité en régime statique (σ_{dc}) tandis que le deuxième terme à haute fréquence responsable au phénomène de dispersion (Aω^s) avec "s" varie entre 0 et 1 ou entre 1 et 2, A est un paramètre qui dépend de la température. s est déterminé par la relation suivante: $s = \frac{dLn(\sigma_{ac})}{dLn(\omega)}$

VII. 2. 2. Différents modèles de conduction

Tous les modèles décrivant la conductivité considèrent que le comportement en continu et le comportement en alternatif sont originaires du même processus de saut. Plusieurs modèles théoriques ont été développés pour interpréter la conduction entre les états localisés dans les milieux diélectriques. Ces modèles s'accordent sur ce comportement universel et basés sur des processus de transport de charges par effet tunnel à travers une barrière de potentiel où par saut au-dessus de cette barrière.

Dans les deux cas, les modèles existant mettent en œuvre des transferts des charges. Ces modèles sont basés sur l'hypothèse spécifiant l'approximation des paires. Il s'agit de supposer que les états localisés sont regroupés par paires occupées et isolées. Ces paires sont non couplées à leurs environnement et les transitions se produisant à l'intérieur de ces paires se font indépendamment les unes des autres [65]. Cela est justifié pour les hautes fréquences par le fait que le couplage entre éléments d'une paire décroît avec leur distance de séparation, et par conséquence, le temps de relaxation augmente.

La variation de l'exposant s en fonction de la température peut renseigner à identifier le mécanisme de conduction, ainsi que la nature des porteurs de charges.

<u>Modèle de saut corrélé à une barrière (CBH)</u>

Elliott [66] a proposé également un modèle de type CBH (*Correlation Barrier Hopping*), qui consiste en un saut simultané de deux électrons au dessus d'une barrière de potentiel séparant deux sites distants de R. La hauteur de la barrière du potentiel, pour passer d'un puits à un autre, est réduite par l'attraction coulombienne. Ce modèle est utilisé pour des exposants s qui diminuent tout en augmentant la température. Dans ce cas, les polarons sautent au dessus de la barrière coulombienne de hauteur W tel que : $W = W_m - \left(\dfrac{ne^2}{\pi \varepsilon_0 R_\omega} \right)$

Avec W_m est le hauteur minimale de la barrière du matériau, n est le nombre des polarons, τ est le temps de relaxation $\approx 10^{-13}$s : c'est le temps nécessaire pour que les porteurs de charges sautent au dessus d'une barrière de hauteur W et R_ω est la distance de saut qui est égale à:

$$R_\omega = \frac{e^2}{\pi \varepsilon_0 \left(W_m - k_B T \ln\left(\frac{1}{\omega \tau_0}\right)\right)}$$

Dans ce modèle la dépendance de la conductivité en fonction de la température et de la fréquence est de la forme suivante [66, 67]:

$$\sigma_{ac} = \frac{\pi^3}{24} N^2 \varepsilon_0 \omega R_\omega^6$$

avec N est la densité des paires des sites.

L'exposant fréquentiel est donnée par $s = 1 - \dfrac{6 k_B T}{W_m - k_B T \ln \dfrac{1}{\omega \tau_0}}$

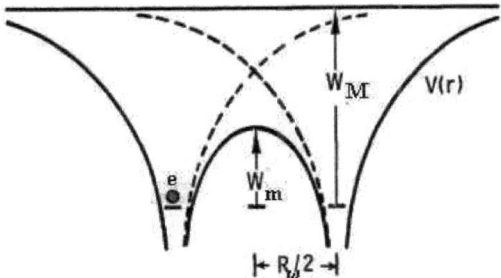

Figure I. 29: Représentation schématique des puits de Coulomb selon le modèle CBH

Modèle d'effet tunnel quantique (QMT)

Dans ce modèle, Long a supposé que les états localisés aléatoires sont simplement occupés en énergie sur une bande large autour du niveau de Fermi et sont distribués d'une façon uniforme dans l'espace. Ils sont regroupés par paires et dans le cas où il y a un recouvrement des fonctions d'ondes de deux états d'une même paire, un électron peut passer par effet tunnel d'un site à un autre à travers la barrière du potentiel qui les sépare [68]. La déformation de l'environnement d'un site par la présence de l'électron est admise comme totalement négligeable. Aussi, la corrélation entre l'énergie et la distance de saut est négligeable.

Dans ce modèle l'exposant s est pratiquement égal à 0,8 et augmente légèrement avec l'accroissement de la température, il est donné par l'expression suivante

$$s = 1 - \frac{4}{Ln(\frac{1}{w\tau_0})}$$

Modèle de tunnel du petit polaron (NSPT)

Ce modèle s'applique lorsque l'exposant s augmente avec l'augmentation de température. L'exposant fréquentiel "s" s'écrit:

$$s = 1 + \frac{4}{\ln(\omega\tau_{0p}) + \frac{W_H}{k_B T}}$$

Dans ce cas, la dépendance de la conductivité en fonction de la température et de la fréquence est donnée par cette expression [69]:

$$\sigma_{ac} = \frac{\pi^4 e^2 k_B T (N(E_F))^2 \omega R_\omega^2}{12 * 2\alpha}$$

Avec R_ω est la distance tunnel à une fréquence angulaire donnée, elle est égale à :

$$R_w = \frac{-1}{2\alpha}\left[\ln(\omega\tau_{0p}) + \frac{W_H}{k_B T}\right]$$

Où $N(E_F)$ est la densité du niveau de fermi, W_H est l'énergie d'activation appliquée dans le processus de transfert de l'électron entre les paires des états qui s'écrit sous la forme suivante [69, 70]:

$$W_H = \frac{W_P}{2}$$

Avec W_p est l'énergie diminuée associée au treillage formée dans le site occupé (c'est l'énergie de polaron), τ_{0p} est le temps de relaxation et $1/\alpha$ est l'extension spatiale du polaron.

Modèle de tunnel du grand polaron (OLPT)

Dans le modèle OLPT (Overlapping large-polaron tunneling) "tunnel du grand polaron", l'exposant "s" dépend de la fréquence et de la température, il diminue avec l'augmentation de la température jusqu'à une valeur minimale puis il augmente [71]. D'après tous ces modèles, pour une fréquence bien déterminée, la variation de l'exposant "s" en fonction de la température peut nous aider à identifier le mécanisme de conduction, ainsi que la nature des porteurs de charges.

VIII. Impédance complexe et circuits électrique équivalents

VIII. 1. Définition

La spectroscopie d'impédance complexe est un terme qui recouvre les techniques de mesure de la réponse électrique d'un matériau donné et l'analyse de cette réponse nous renseigne sur les propriétés physico-chimiques du système étudié.

Une tension sinusoïdale $v(t) = V_m \cos(\omega t)$ est appliquée à un échantillon préparer sous forme d'un condensateur plan (électrodes + matériau). Il en résulte un courant $i(t) = I_m \cos(\omega t - \varphi)$ avec $I_m = I_m(\omega)$ et $\varphi = \varphi(\omega)$ avec $\omega = 2\pi f$ est la pulsation et φ représente le déphasage entre le courant et la tension.

On définit l'impédance complexe Z par: $Z = \frac{U}{I} = |Z| e^{i\varphi}$. La partie réelle de l'impédance complexe, $Z' = |Z| \cos(\varphi)$ est appelée résistance effective, tandis que la partie imaginaire, $Z'' = |Z| \sin(\varphi)$, est connue sous le nom de réactance.

Le tracé du vecteur d'impédance Z dans le plan complexe en fonction de la fréquence ω donne une courbe caractéristique du système étudié (Figure I. 25).

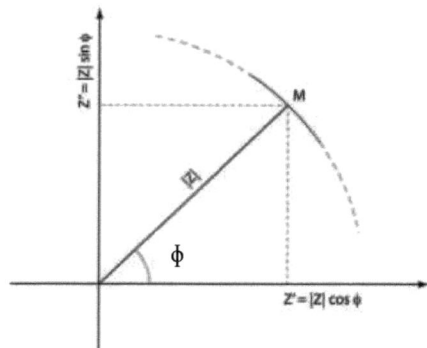

Figure I. 25: Représentation de composante réelle (Z′) et imaginaire (Z″) du vecteur impédance dans le plan complexe

VIII. 2. L'impédance CPE (Constant Phase Element)

La Constant Phase Element CPE est très populaire dans le « fitting » des diagrammes car elle permet de prendre en compte les écarts à l'idéalité.

La CPE (Constant Phase Element) [72,73], est un dipôle à deux paramètres: une pseudo-capacité Q et un exposant α. Elle produit une impédance ayant un angle de phase β (aussi appelé angle de dépression) constant dans le plan complexe. Elle remplace la capacité classique C. Le modèle d'Young [74] permet d'ajuster les donnés de l'impédance électrochimique et de prédire les propriétés physiques [75]. L'impédance Z_{CPE} est égale à:

$$Z_{CPE} = \frac{1}{Q(j\omega)^\alpha}$$

$\alpha = 1 \Rightarrow Z=Z_c$ capacitance

$\alpha = 0 \Rightarrow Z=Z_R$ résistance

$\alpha = -1 \Rightarrow Z=Z_L$ inductance

VIII. 3. La combinaison (R// C)

Pour les matériaux homogènes, le diagramme d'impédance complexe est constitué généralement par un seul arc de cercle qui passe par l'origine et centré sur l'axe des abscisses, le circuit électrique équivalent associé est un circuit parallèle RC. L'impédance de cette combinaison est $Z = \frac{R_g}{1+(\omega R_g C_g)^2} - i\frac{R_g^2 \omega C_g}{1+(\omega R_g C_g)^2} = Z_r - iZ_i$

Et on vérifie que $(Z_r - \frac{R}{2})^2 + Z_i^2 = (\frac{R}{2})^2$ qui est l'équation d'un cercle de centre (R/2, 0) et de rayon R/2. Le sommet du demi-cercle correspond à $|Z_r| = |Z_i|$ soit $\omega_0 = 1/RC$.

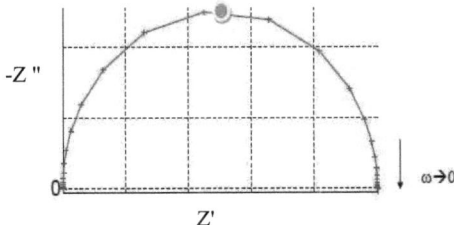

Figure I. 27: Diagramme de Nyquist pour un circuit parallèle RC

VIII. 4. La combinaison (R// C) en série avec (R// C)

Les échantillons polycristallins ne peuvent généralement pas être associés à un circuit équivalent simple. En effet, la présence au sein du matériau de grains et de joints de grains ayant des valeurs de R et/ou C différentes engendre un circuit équivalent constitué d'éléments parallèles RC montés en série. La figure I. 28 représente un circuit équivalent typique et le diagramme d'Argand correspondant. La présence de joints de grains dans le matériau conduit généralement à l'observation d'un second arc de cercle dans le courbe Nyquist. Toutefois, il est possible dans le cas d'une céramique de ne pas observer de façon distincte ce second arc, il peut être soit masqué par un premier arc de cercle déformé, soit être complètement absent du diagramme [76].

A haute température, le second arc (due à la conduction à travers les joints des grains) disparait toujours, on peut expliquer ce phénomène par le fait que l'énergie d'activation de la conduction à travers les joints des grains est supérieure à celle à travers le réseau cristallin. La résistance totale des joints de grains diminue plus rapidement que celle du réseau cristallin, représenté, par la courbe de Nyquist, par un second arc qui se rétréci toujours lorsque la température augmente.

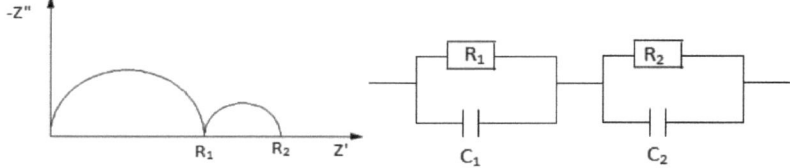

Figure I. 28: Diagramme d'Argand correspondant à un échantillon polycristallin et circuit équivalent correspondant

Conclusions

Les phosphates condensés forment une grande famille de phosphates caractérisés par leur applications dans différents domaines grâce à leur propriétés diverses qui restent élucides malgré le grand nombre de résultats expérimentaux.

Le chapitre suivant concerne la caractérisation vibrationnel, par spectroscopie RMN et étude des propriétés électriques du composé $NaAlP_2O_7$.

Références bibliographiques

[1] J. R. Van Wazer ''Phosphorus and its Compounds'' Interscience (1958).

[2] A. Durif. Bull. Soc. Fr. Minér. Crist. 94 (1971).

[3] D. E. C. Corbridge. ''The Structural Chemistry of Phosphorus'', Elsevier, (1974).

[4] A.V. Lavrov, V. P. Nikolaev, G. G. Sadikov, M. Ya. V. Doki, Akad. Nauk SSSR. 259 (1981) 103.

[5] N.N. Chudinova, K. K. Palkina, N. B. Komarovskaya, S.I. Maksimova, N. T. Chibiskova, M. Ya. V. Doki, Akad. Nauk SSSR. 306 (1989) 635.

[6] H. G. Danielmeyer, H. P. Weber, I. E. E. J. Quant. Elect. 8 (1972) 805.

[7] H. P. Weber, T. C. Damen, H. G. Danielmeyer, B.C. Tofield, Appl. Phys. Lett. 22 (1973) 534.

[8] S. T. Wilson, B.M. Lok, E. M. Flaningen, U. S. Patent 4, 310 (1982) 440.

[9] J. B. Parise, J. Chem. Soc, Chem. Commun. 9 (1985) 606.

[10] A. Corma, Chem. Rev. 97 (1997) 2373.

[11] R. Raja, J. M. Thomas, Soli Stat Scie. 8 (2006) 326.

[12] I. Saadoune, F. Cora, M. Alfredsson, C. R. A. Catlow, J. Phys. Chem. B. 107 (2003) 3003.

[13] F. Cora, C. R. A. Catlow, A. D'Ercole, J. Mol. Catal. A. 166 (2001) 87.

[14] F. Cavani, F. Trifiro, Chem. Rev. 88 (1988) 18.

[15] C. Subrahmanyam, B. Viswanathan, T. K. Varadajan, J. Mol. Catal. A: 223 (2004) 149.

[16] J. M. Thomas, Angew. Chem, Intl. Ed. Engl. 33 (1994) 913.

[17] M.Gabelica-Robert, P.Tarte, J. Solid State Chem. 3 (1983) 475.

[18] N. Yu, Anisimova, V. K. Trunov, N. N. Chudinova, Izv, Acad. Nauk SSSR, Neorg, Mater. 24 (1988) 268.

[19] N. Yu, Anisimova, N. N. Chudinova, V. K. Trunov, Izv, Acad. Nauk SSSR, Neorg, Mater. 29 (1993) 104.

[20] A. Hamady, Thèse doctorat d'état, Faculté des Sciences de Tunis (1996).

[21] H. N. Ng. C. Calvo, Can. J. Chem. 51 (1973) 2613.

[22] A. Leclaire, M. M. Borel, A. Grandin, B. Raveau, Acta Cryst. C 45 (1989) 989.

[23] D.Rhiou, P.Labbe, M. Goreaud, European, J. Solid State Inorg. Chem. 25 (1988) 215.

[24] D.Rhiou, A. Leclaire, A. Grandin, B. Raveau, Acta Cryst. C45 (1989) 989.

[25] U. Florke, Z. Krist. 191 (1990) 137.

[26] J.M.M. Millet, B. F. Mentzen, J. Solid State Inorg. Chem. 28(1991) 493.

[27] E. Dvencova, K. H. Lii, J. Solid State. Chem. 105(1993) 279.

[28] A. Akrim, D. Zambon, J. Metin, J. C. Cousseins, Eur, J. Solid State. Chem. 30 (1994) 485.

[29] K. H. Lii, R. C. Haushalter, Acta Cryst. C43 (1987) 2036.

[30] M. Jansen, G. Q. Wu, K. Konigstein, Z. Krist. 197 (1991) 245.

[31] J. P. Gamondes, F. D'Yvoire, A. Boulle, C. R. Acta. Sci. Paris. 49 (1971) 272.

[32] M. Gabelica-Robert, M. Gaureaud, Ph Labbe, B. Raveau, J. Solid State Chem. 77 (1988) 389.

[33] A. Leclaire, M. M. Borel, A. Grandin, B. Raveau, J. Solid State Chem. 76 (1988) 131.

[34] Y. P. Wang, K. H. Lii, S. L. Wang, Acta Cryst. C45 (1988) 1417.

[35] J. Alkemper, H. Paulus, H. Fuess, Z. Kriss. 209 (1994) 616.

[36] J. Belkouch, L. Monceaux, F. Oudet, P. Courtine, Mater, Res, Bull. 26 (1990) 1099.

[37] D. Tranquin, S. Hamdoune, Y. Le Page, Acta Cryst. C43 (1987) 201.

[38] K. H. Lii, Y. P. Wang, Y. B. Chen, S. L. Wang, J. solid stat Chem. 98 (1990) 143.

[39] S. L. Wang, P. C. Wang, 77 S. L. Wang, P. C. Wang, Y. P. Nieh, J. App. Cryst. 23 (1990) 520.

[40] D. Riou, N. Nguyen, R. Benloucif, B. Raveau, Mat. Res. Bull. 25 (1990) 1363.

[41] A. Leclaire, A. Benmoussa, M. M. Borel, A. Grandin, B. Raveau, J. Solid. State Chem. 77 (1988) 299.

[42] A. Haady, M. Faouzi-Zid, T. Jouini, J. Solid State Chem. 113 (1994) 120.

[43] A. Hamady. T. Jouini, Acta Cryst. C52 (1996) 2949.

[44] J. Belkouch, L. Monceaux, E. Bordes, P. Courtine, Mat Resea Bull. 30 (1995) 149.

[45] G. Robert, J. solid stat chemi. 45 (1982) 389.

[46] Hok Nam N, Crispin C Can J Chem. 51 (1973) 2613.

[47] A. Hamady, M. F. Zid, T. Jouini, J. Solid Stat Chemi. 113 (1994) 120.

[48] A. Leclaire, A. Benmoussa, M. M. Borel, A. Grandin, B. Raveau, J. solid State Chem. 77 (1988) 299.

[49] S. Nasri, M. Megdiche, K. Guidara, M. Gargouri (2013) Ionics. 19 (2013) 1921

[50] Y. Ben Taher, A. Oueslati, M. Gargouri (2015) Ionics. 21 (2015) 1321

[51] M. Sassi, A. Oueslati, M. Gargouri, J. appl physi. (2015) DOI 10.1007/s00339-015-9025-3

[52] N. Zouzou, Thèse Doctorat, Toulouse, France, (2002).

[53] R. Coelho, B. Aladenize, Les diélectriques: propriétés diélectriques des matériaux isolants, Paris 1993.

[54] K. S. Cole, Cole et R. H, J. Chem. Phys. 10 (1942) 98.

[55] D. W. Davidson, Cole. R. H, J. Chem. Phys. 19 (1951) 1484.

[56] S. Havriliak, S. Negami, Polymer 8 (1967) 161.

[57] P.-J. Vuarchex, « Les diélectriques | Techniques de l'Ingénieur » 2013.

[58] A. R. West, "Basic Solid State Chemistry", Wiley, Second Edition (1999).

[59] Mc Crum N. G, Read B. E, Williams G, Anelastic and dielectric effects in Polymeric solids, J.Wiley, London, 1967.

[60] Runt P. and John J., Dielectric Spectroscopy of Polymeric Materials, Washington: American Chemical Society, 1997

[61] M. Wubbenhorst, G. j. Klap. J. Chem and Physi. 13 (1999) 5637.

[62] Nguyen Duc Hoang, thèse de doctorat, Université Joseph Fourier Grenoble 1(2005)

[63] Helmi Hammami, thèse de doctorat, faculté de science de Sfax (2007)

[64] A. K. Jonsher, Dielectric relaxation in solids. Chelsea dielectrics press .London. (1983).

[65] R. Ongaro, M. Garoum, A. Pillonnet, J. Physi D 30 (1997) 241.

[66] S. R. Elliott, Philos. Mag. B 36 (1977) 1291.

[67] S. R. Elliott, Adv. Phys. 36 (1987) 135.

[68] A. R. Long, Advances in Physics. 31 (1982) 553.

[69] A. R. Long, Adv. Phys. 31(1982) 553.

[70] Mott N F and Davis E A 1979 Electronic Processes in Non-Crystalline Materials (Oxford: Clarendon).

[71] J.T. Gudmundsson, H.G. Svavarsson, S. Gudjonsson, H.P. Gislason, Physica B. 340 (2003) 324.

[72] K. S. Cole, R. H. Cole, J. Chem. Phys. (1941) 34.

[73] J. R. MacDonald, Impedance Spectroscopy, Wiley, New York, 1987.

[74] L. Young, Trans. Faraday Soc. 51 (1955) 1250.

[75] T. Yamamoto, Y. Yamamoto, Medical and Biological Engineering, 14 (1976) 494.

[76] J. R. Macdonald, "Impedance Spectroscopy: Emphasing solid materials and systems", John Wiley and sons (1987).

CHAPITRE II :

Caractérisation et étude de la conductivité du composé NaAlP$_2$O$_7$

Caractérisation et étude de la conductivité du composé $NaAlP_2O_7$ | Chapitre II

Introduction

Ce chapitre est consacré à la synthèse et la caractérisation par diffraction des rayons X (DRX), infrarouge (IR), spectroscopie Raman et résonnance magnétique nucléaire (RMN) du composé $NaAlP_2O_7$.
Ensuite, une analyse par spectroscopie d'impédance complexe des propriétés de conduction dans les grains et dans les joints de grains ainsi que les relaxations dans ce composé sera menée par l'étude de modulus.

I. Élaboration du composé $NaAlP_2O_7$

I. 1. Produits de départ

Les caractéristiques des produits industriels utilisés pour la synthèse du composé $NaAlP_2O_7$ sont rassemblées dans le tableau ci-dessous.

Tableau II. 1: Caractéristiques des réactifs de départ.

Produit	Masse molaire (g.mol^{-1})	Pureté (%)	Marque
Na_2CO_3	105,98	99	Fluka
Al_2O_3	101,96	99	Fluka
$NH_4H_2PO_4$	115,03	99	Fluka

I. 2. Méthode de préparation

Le composé $NaAlP_2O_7$ a été synthétisé par la méthode traditionnelle des céramiques dite "réaction chimique à l'état solide". Le principe de cette méthode consiste à faire réagir à l'état solide par diffusion et à hautes températures, des réactifs, qui sont en général des phosphates, des oxydes ou des carbonates.
Les réactifs (Na_2CO_3, Al_2O_3 et $NH_4H_2PO_4$), pesés dans les quantités désirées, sont mélangés et broyés dans un mortier en agate. Cette première opération permet de réduire la taille des particules et de favoriser l'homogénéité du mélange. Le mélange obtenue sous forme de poudre est déposé dans une nacelle en alimine puis chauffée par

palier à 573K pendant 8 heurs dans un four électrique. Cette calcination pour but de décomposer les composants volatils (NH_3, CO_2, H_2O).

Le mélange calciné est re-broyé, puis mis sous forme de pastille par pressage pour favoriser la réaction, avant d'être porté à une température de 1073K pendant 8 heures pour provoquer la réaction finale.

L'équation de la réaction est la suivante :

$$Na_2CO_3 + Al_2O_3 + 4\ NH_4H_2PO_4 \rightarrow 2\ NaAlP_2O_7 + 6\ H_2O + 4\ NH_3 + CO_2$$

II. Caractérisation structurale

II. 1. Rappel structurale

La structure du composé $NaAlP_2O_7$ a été étudiée pour la première fois par J. Alkemper et al. [1]. Il cristallise dans le système monoclinique (groupe d'espace $P2_{1/c}$) avec les paramètres de maille: a = 7,203(2); b = 7,710(2); c = 9,326(2) Å et β=111, 743 (7).

Ce composé présente une chaine tridimensionnelle formée des tétraèdres PO_4 partageant des sommets avec des octaèdres AlO_6 (figure II. 1). Les tétraèdres PO_4 forment des dimères P_2O_7 en mettant en commun un atome d'oxygène, alors que les octaèdres AlO_6 forment des monomères. Cette chaîne délimite des tunnels dans lesquels sont localisés les ions Na^+ le long de la direction (a+c)

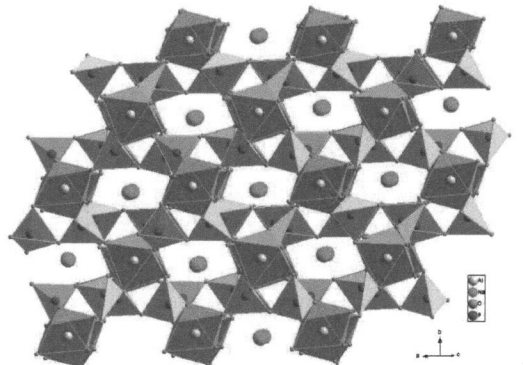

Figure II. 1: Projection de la structure du composé $NaAlP_2O_7$ selon l'axe (a+c)

La projection de la structure dans le plan (a, b) montre que les tétraèdres de coordination de phosphore et les octaèdres du aluminium se disposent respectivement dans des couches perpendiculaires à b par alternance (figure II. 2). Les couches des octaèdres AlO_6 sont équivalentes, alors que celles des tétraèdres du phosphore sont de deux types différents.

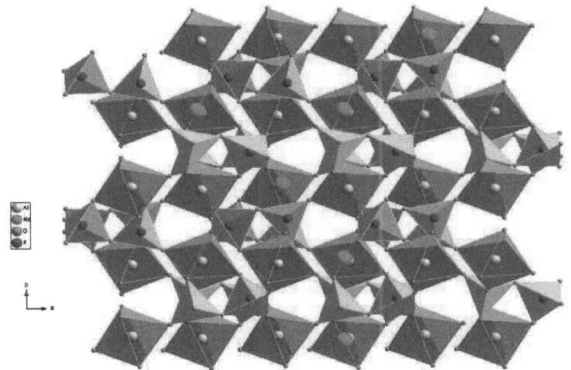

Figure II. 2: Projection de la structure du composé $NaAlP_2O_7$
dans le plan (110)

Les principales caractéristiques géométriques des tétraèdres dans cette structure (distances interatomiques et angles de liaison) sont récapitulées dans le tableau II. 2.

Tableau II. 2: Distances interatomiques (Å) et angles de liaison (°) dans $NaAlP_2O_7$

Tétraèdre $P(1)O_4$			
Distances (Å)		**angles (°)**	
P(1) – O(5)	1,524	O(1) – P(1) – O(2)	101,4
P(1) – O(7)	1,511	O(2) – P(1) – O(7)	115,1
P(1) – O(2)	1,504	O(7) – P(1) – O(5)	111, 1
P(1) – O(1)	1,613	O(5) – P(1) – O(1)	105,5

Tétraèdre P(2)O$_4$			
Distances (Å)		angles (°)	
P(2) – O(1)	1,607	O(3) – P(2) – O(4)	112,4
P(2) – O(3)	1,496	O(4) – P(2) – O(6)	113,3
P(2) – O(4)	1,522	O(6) – P(2) – O(1)	108,3
P(2) – O(6)	1,409	O(1) – P(2) – O(3)	104,7

II. 2. Diffraction des Rayons X sur poudre

Afin de caractériser l'échantillon préparé, nous avons utilisé la technique de diffraction des rayons X sur poudre. La figure II. 4 représente le diffractogramme de poudre du composé NaAlP$_2$O$_7$ enregistré par un diffractomètre (θ-2θ) de type Philips en utilisant la raie K$_\alpha$ (λ=1,5405 Å) du cuivre avec un pas de 0,05°.

L'indexation des différentes raies a été réalisée au moyen du programme Celref 3. Ce programme est basé sur la méthode de moindre carré. Après plusieurs optimisations, toutes les raies s'indexent dans le système monoclinique (groupe d'espace P2$_{1/C}$) avec les paramètres de maille suivant: a=7,19(4) Å; b = 7,70(5) Å; c = 9,29(6) Å; β=111,70 (2)°. Ces paramètres sont en accord avec les données bibliographiques [1].

Le tableau II. 3 résume les résultats d'indexation du diffractogramme de diffraction des rayons X du composé NaAlP$_2$O$_7$.

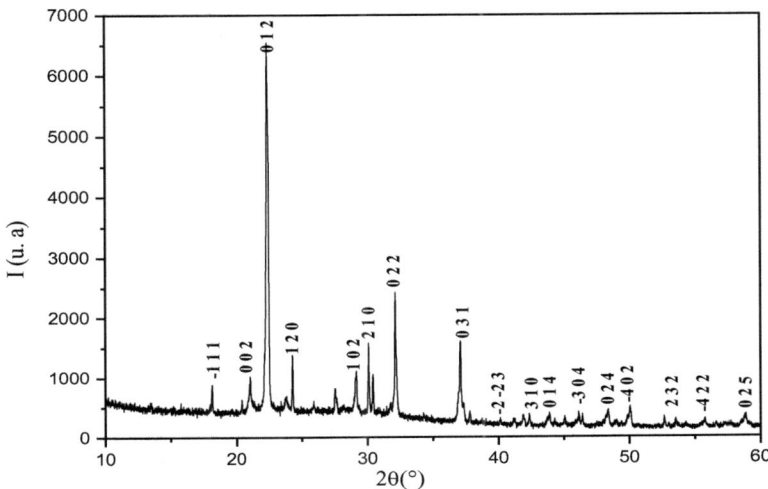

Figure II. 3: Diagramme de diffraction des rayons X du composé NaAlP$_2$O$_7$

Tableau II. 3: Indexation du diagramme de poudre du composé NaAlP$_2$O$_7$

h k l	2θ (obs)	2θ (calc)
-1 1 1	17,76	17,71
0 0 2	20,48	20,49
0 1 2	23,60	23,55
1 2 0	26,65	26,67
1 0 2	28,18	28,28
2 1 0	29,08	29,02
0 2 2	31,07	31,05
0 3 1	36,48	36,48
-2 -2 3	40,40	40,45
3 1 0	42,04	42,06
0 1 4	43,41	43,38
-3 0 4	46,60	46,58
0 2 4	48,16	48,18
-4 0 2	50,71	50,72
2 3 2	53,72	53,73
-4 2 2	56,46	56,43
0 2 5	58,38	58,37

III. Spectroscopie RMN du composé NaAlP$_2$O$_7$

III. 1. Principe et instrumentation

Le principe de la Résonance Magnétique Nucléaire repose sur le comportement du moment magnétique de certains noyaux atomiques sous l'influence de champs magnétiques externes, constants ou alternatifs, et de champs locaux induits par les noyaux environnants et la distribution de charges électroniques autour du noyau considéré.

Dans ce travail les spectres ont été enregistrés sur poudre à l'aide d'un spectromètre Bruker WB 300. Il est principalement composé par :
- Un aimant supraconducteur (champ magnétique principal B_0= 7,1T).
- Un émetteur de radiofréquence (champ B_1).
- Une bobine sonde.
- Un récepteur.
- Un ordinateur pour le traitement des données.

L'émetteur est composé d'un générateur de signaux, d'un générateur d'impulsion, d'un modulateur et d'un amplificateur de puissance. Le signal amplifié de l'émetteur est envoyé à un circuit résonnant LC dans lequel la bobine d'induction entoure l'échantillon. Le signal émis par celui-ci est reçu par la même bobine puis envoyé au détecteur via un préamplificateur et un amplificateur. Le signal est ensuite traité mathématiquement.

III. 2. Caractérisation par RMN du ^{31}P

L'enregistrement de spectre RMN du phosphore ^{31}P a été collecté par le mode ZG (single pulse) avec une vitesse de 8 kHz. Les conditions d'enregistrement sont récapitulées dans le tableau II. 4. La simulation de spectres RMN a été réalisée au moyen du programme de traitement des spectres RMN solide Dmfit [2].

Tableau II. 4: Les conditions expérimentales d'enregistrement pour ^{31}P

Temps de pulse (µs)	3
Temps de cycle (s)	5
Fréquence de résonance (MHz)	121.49
Nombre de scan	2320
Référence 0 Hz	H_3PO_4
Vitesse de rotation (kHz)	8
séquence de pulse	ZG

La figure (II. 4) présente le spectre ^{31}P relatif à l'échantillon $NaAlP_2O_7$. L'expérience réalisé nous permettant d'identifier les deux pics isotropes, désignées respectivement par les lettres A et B et observées à -19 et -26 ppm. Ce résultat est en bon accord avec l'étude structurale. En effet, le groupement P_2O_7 est formé de deux sites phosphores différentes.

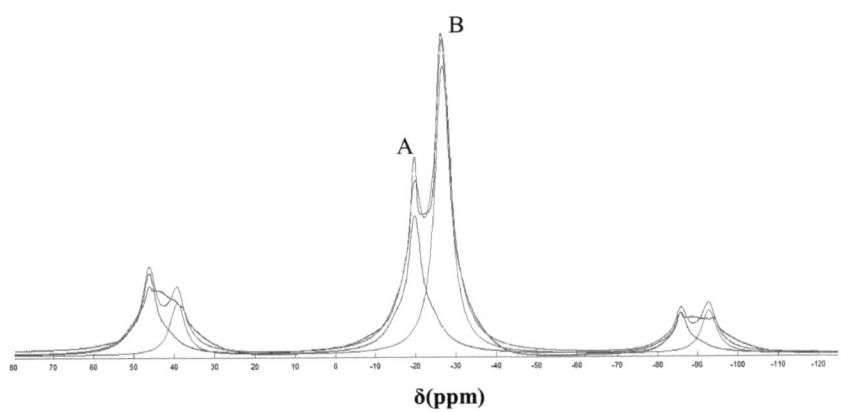

Figure II. 4: Déconvolution du spectre RMN ^{31}P

Les paramètres du tenseur de déplacement chimique sont déterminés grâce à un programme de simulation Dmfit [2]. L'anisotropie de déplacement chimique δ_{CS} est égale -150 ppm pour le pic A, -91ppm pour le pic B et le paramètre de l'asymétrie η vaut respectivement 0,16 et 0,67 pour les deux signaux A et B (tableau II. 5). Ces paramètres sont définis à partir des composantes du tenseur de déplacement chimique par les relations suivantes :

$$\delta_{iso} = (\delta_{11} + \delta_{22} + \delta_{33})/3$$

$$\delta_{cs} = \delta_{33} - \delta_{iso}$$

$$\eta = (\delta_{22} - \delta_{11})/(\delta_{33} - \delta_{is})$$

δ_{11}, δ_{11} et δ_{11} sont les termes diagonaux du tenseur de déplacement chimique exprimés dans le système d'axe principal (PAS), définis selon $\delta_{11} > \delta_{22} > \delta_{33}$ ou $\delta_{11} < \delta_{22} < \delta_{33}$, avec la convention $|\delta_{11} - \delta_{22}| \triangleleft |\delta_{22} - \delta_{33}|$.

Tableau II. 5: Les composantes du tenseur de déplacement chimiques pour ^{31}P

Pic	δ_{ISO}	δ_{CS}	η	δ_{11}	δ_{22}	δ_{33}
A	-19	-150	0,16	66	43	-170
B	-26	-91	0,67	49	-11	-117

En appliquant les corrélations établies par S. Un et M. Klein [3], une attribution des atomes de phosphore est possible. Ainsi, le tétraèdre $P(1)O_4$ qui possède la distance moyenne <P-O> (1,538 Å) la plus longue devrait correspondre à la signal A ayant la valeur de δ_{ii} (δ_{11}=66 ppm) le plus élevée. Au contraire l'octaèdre P(2) avec une distance moyenne <P-O> courte (1,508 Å) peut être attribué au signal B avec δ_{11}= 49ppm.

La composante du tenseur δ_{22} ne présente aucune corrélation avec les paramètres structuraux, mais elle est sensible à la densité de charge autour du phosphore et par suite aux angles OPO. Le calcul des indices de distorsion de Baur [4] (tableau II. 6) montre que le tétraèdre $P(1)O_4$ est plus déformé (ID OPO = 0.0023) et δ_{22}= 43 ppm ce qui indique que la déformation du cortège électronique au niveau de site P(1) est plus important que celle de P(2).

Tableau II. 6: Calcul des indices de distorsion de Baur des tétraèdres PO_4

Tétraèdres	ID OPO
$P(1)O_4$	0,00230
$P(2)O_4$	0,00098

IV. Spectroscopie vibrationnelle

IV. 1. Etude par spectroscopie IR

On fait le broyage d'une faible quantité de produit de l'ordre de 2 mg et on lui ajoute une quantité de 100 mg de KBr (bromure de potassium), Le mélange est ensuite comprimé pour former une pastille de 10mm de diamètre, Cette pastille est soumise à l'analyse d'un spectromètre Alpha-Bruker FT Spectrum 1000 piloté par un ordinateur, Ce spectromètre permet de donner les pics infrarouges sur une gamme spectrale dont les nombres d'onde compris entre 400 et 2300 cm^{-1}.

Le spectre infrarouge du composé $NaAlP_2O_7$ est reporté sur la figure II. 5. L'attribution des bandes infrarouge a été réalisée par comparaison avec les spectres des diphosphates déjà donné dans la littérature (tableau II. 7).

Dans le spectre infrarouge les bandes observées entre 1200 et 1040 cm^{-1} peuvent être attribuées aux vibrations de valence symétrique et antisymétrique de groupe PO_3 [5]. Les modes caractéristiques des vibrations de valence antisymétrique et symétrique P-O-P sont observés dans la région spectrale qui varie d'une part entre 970-910 cm^{-1} et d'autre part entre 770 et 670 cm−1 [6, 7], tandis que les bandes de vibration de déformation PO_3 sont localisées en infrarouge entre 620-410 cm^{-1}[8].

Tableau II. 7: Attribution des bandes IR observées.

Bandes (cm^{-1})	Attributions
1186; 1120	$\upsilon_{as}\ PO_3$
959	υ_{as} P-O-P
750, 650	υ_s P-O-P
578; 494	$\delta\ PO_3$

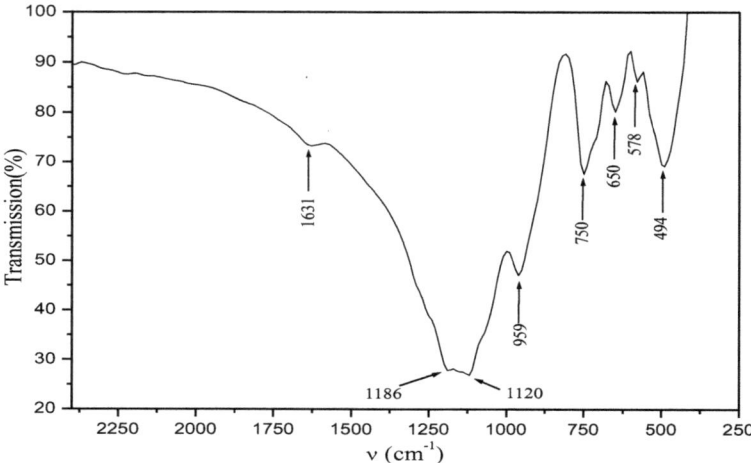

Figure II. 5: Spectres infrarouge du composé NaAlP$_2$O$_7$

IV. 2. Etude par spectroscopie Raman

Le spectre Raman est enregistré sur un spectromètre de type Kaiser Optical System modèle T-64000 (horiba, Jobin Yvon) dans la région spectrale qui varie entre 100 et 1400 cm^{-1}.

Le spectre Raman du composé NaAlP$_2$O$_7$ a été enregistré (figure II. 6) à la température ambiante. Une tentative d'attribution des bandes de vibrations en se basant sur des composés similaires est illustrée dans le tableau II. 8 [5, 9].

Nous attribuons les raies Raman observées entre 1210 et 1104 cm^{-1}, aux vibrations de valence antisymétrique des groupes PO$_3$. Les raies Raman situées entre 1093 et 1049 cm^{-1} sont dues aux vibrations de valence symétriques des groupements PO$_3$. Les deux bandes relevées vers 919 et 762 cm^{-1} sont rattachées aux mouvements d'élongation antisymétrique du pont POP. Les raies situées entre 650 et 480 cm^{-1} sont rattaché aux vibrations de déformation antisymétriques des groupements PO$_3$. Les raies Raman que nous attribuons aux vibrations de déformation symétriques des groupes PO$_3$ et celles du pont POP sont localisé entre 450 et 200 cm^{-1}

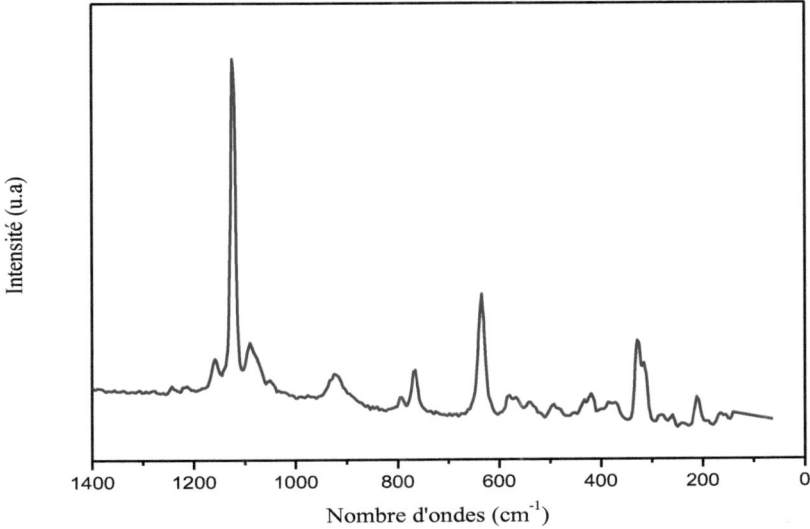

Figure II. 6: Spectre de diffusion Raman

Tableau II. 8: Attribution des bandes Raman observées

Bands R (cm^{-1})	Assignment
1158; 1126	υ_{as} PO$_3$
1088	υ_s PO$_3$
919; 762	υ_{as} P-O-P
630; 579, 488	δ_{as} PO$_3$
420; 323, 210	δ_s PO$_3$, δ_s P-O-P

V. Etude par spectroscopie d'impédance complexe

V. 1. Condition expérimentale

L'analyseur d'impédance permet de mesurer le partie réelle Z' et imaginaire Z" de l'impédance complexe Z* en fonction de la fréquence. Les mesures ont été effectuées à l'aide d'un pont d'impédance "Tegam 3550" fonctionnant dans la gamme de fréquences (200Hz–5MHz). L'échantillon a été mis sous forme de pastille de diamètre de 8 mm et d'épaisseur d'environ 1,2 mm. Nous l'avons ensuite insérée entre deux électrodes, utilisée comme électrodes bloquantes aux ions. La cellule instrumentée est placée dans un four permettant de contrôler l'atmosphère environnante de l'échantillon pour réaliser les mesures électriques entre 523 et 673K.

Figure II. 7: Image de la cellule de mesure

V. 2. Diagramme de Nyquist et circuit électrique équivalent

La spectroscopie d'impédance est une méthode utile pour résoudre les contributions de divers procédés tels que les grains, joints de grains et l'effet de l'électrode dans le domaine de fréquence spécifiée [10]

La figure II. 8 (a et b) montre les diagrammes de Nyquist ($-Z'' = f(Z')$). Tous les spectres contiennent deux arcs de cercles : un petit arc de cercle observé à haute fréquence suivi d'un second arc de cercle large et décentré à plus basse fréquence.

Les courbes sont nettement séparées et elles présentent l'évolution classique de la conductivité en fonction de la température. En effet, toute augmentation de la température est accompagnée d'une diminution de la résistance.

D'après ce qu'on peut lire dans la littérature [10], le premier arc de cercle situé vers les hautes fréquences représente les phénomènes de conduction intrinsèque, c'est-à-dire la réponse des grains et donne lieu à la résistance intragranulaire (R_g). L'arc obtenu aux basses fréquences correspond à la réponse des joints de grains avec sa résistance associée (R_{jg}).

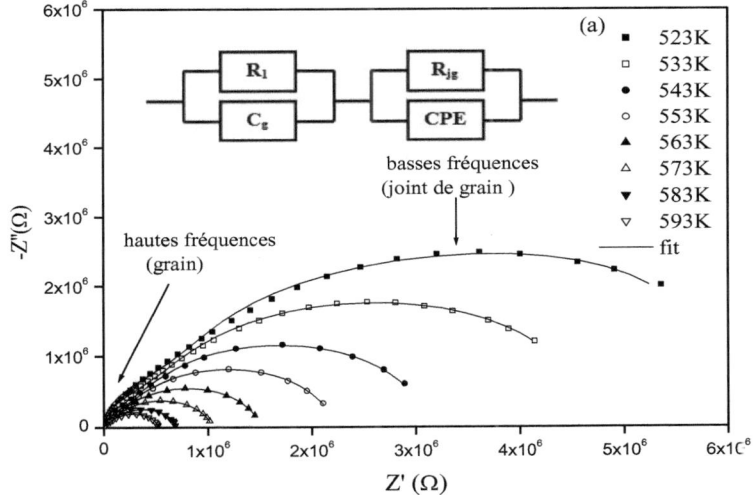

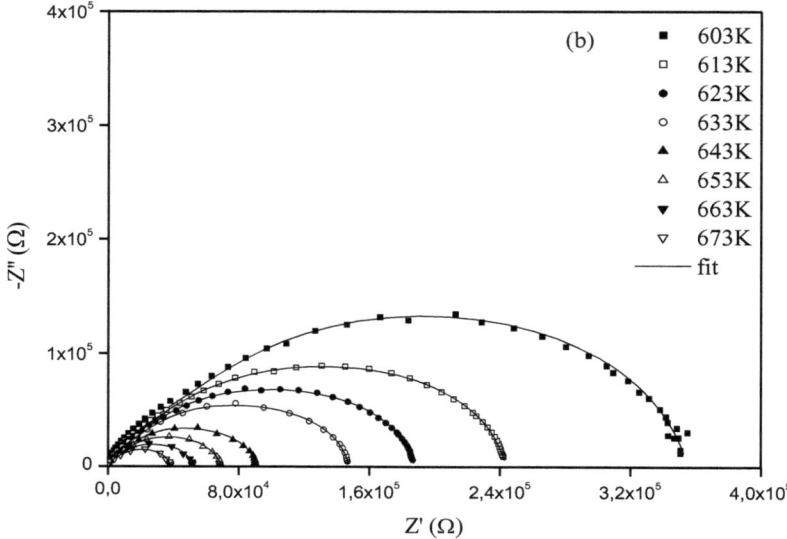

Figure II. 8: Diagrammes Nyquist expérimentaux et calculés du composé NaAlP$_2$O$_7$

Pour expliquer le comportement électrique d'un matériau, Bauerle a proposé des circuits électriques simples constitués de résistances et de capacités. Le circuit équivalent permet d'établir une corrélation entre les paramètres électrochimiques et les éléments caractéristiques de l'impédance.

Le petit arc de cercle obtenu à haute fréquence dans la représentation de Nyquist a été modélisé par un circuit (R//C$_g$), tandis que celui à plus basse fréquence a été ajusté par un circuit (R$_{jg}$//CPE). Le résultat de l'affinement effectué à l'aide de ce modèle (en trait plein noir) est présenté sur les Figure II. 8 (a et b)

La partie réelle Z' et imaginaire Z'' de l'impédance complexe s'expriment selon les équations suivantes :

$$Z' = \frac{R_g}{1+(\omega R_g C_g)^2} + \frac{R_{jg}^2 Q_{jg} \omega^{\alpha_{jg}} \cos\left(\frac{\alpha_{jg}\pi}{2}\right)+R_{jg}}{(1+R_{jg}Q_{jg}\omega^{\alpha_{jg}}\cos\left(\frac{\alpha_{jg}\pi}{2}\right))^2+(R_{jg}Q_{gb}\omega^{\alpha_{jg}}\sin\left(\frac{\alpha_{jg}\pi}{2}\right))^2} \quad (1)$$

$$Z'' = \frac{\omega R_g^2 C_g}{1+(\omega R_g C_g)^2} + \frac{R_{jg}^2 Q_{jg} \omega^{\alpha_{jg}} \sin\left(\frac{\alpha_{jg}\pi}{2}\right)}{(1+R_{jg}Q_{jg}\omega^{\alpha_{jg}}\cos\left(\frac{\alpha_{jg}\pi}{2}\right))^2 + (R_{jg}Q_{jg}\omega^{\alpha_{jg}}\sin\left(\frac{\alpha_{jg}\pi}{2}\right))^2} \quad (2)$$

Les paramètres extraits du circuit équivalent utilisé pour ce composé (Tableau II. 9) sont donc: La résistance des grains R_g, la résistance des joints de grains R_{jg}, la capacité du grain C_g et les paramètres du CPE des joints de grains.

Nous avons déterminé la capacité correspondant au demi-cercle à basse fréquence à partir de simulation. Elle est de l'ordre de 10^{-10} F. Cette valeur est caractéristique des joints de grains et confirme bien que le large demi-cercle observé est bien la signature de la conductivité des ions à travers les joints de grains de l'échantillon [12]. La valeur de la capacité du demi-cercle à haute fréquence est de l'ordre de 10^{-12} F qui coïncide avec l'effet du grain [12,13]. L'exposant α présente ici des valeurs comprises entre 0,8-0,9, ce qui illustre que le CPE est essentiellement une capacitance.

Tableau II. 10: Paramètres du circuit équivalent.

T(K)	R_g(KΩ)	C_g (10^{-12}F)	R_{jg}(KΩ)	Q_{jg} (10^{-10}F)	α_{jg}
523	1508,9	253	5511,4	4,76	0,80
533	1059	253	3943,1	5,11	0,81
543	590,2	295	2683,6	5,21	0,81
553	326,4	312	2009,6	5,76	0,82
563	256,5	255	1306,9	6,55	0,81
573	186,5	325	873,3	5,18	0,82
583	159,2	261	548,0	5,38	0,83
593	90,7	315	441,5	5,92	0,84
603	77,4	266	280,5	5,72	0,86
613	20,6	221	185,4	5,73	0,87
623	18,7	28,0	168,9	2,10	0,87
633	15,3	27,8	132,3	2,02	0,87
643	9,90	28,7	80,8	2,07	0,88
653	7,80	29,2	61,3	1,99	0,89
663	5,60	31,0	46,3	1,91	0,89
673	4,10	32,2	34,3	1,75	0,90

V. 3. Diagramme de Bode

La variation de la partie réelle de l'impédance complexe Z' (expérimentale et calculer) en fonction de la fréquence angulaire à différentes températures est représentée sur la figure II. 9. L'amplitude Z' diminue avec l'augmentation de la fréquence et de la température. Ceci est dû à l'augmentation de la conduction du matériau avec la température. Pour des fréquences plus élevées ($\omega > 10^6$) Z' est indépendant de la fréquence angulaire et de la température. Ce comportement est peut-être dû à la libération des charges d'espace suite à la réduction de la hauteur des barrières avec l'augmentation de la température [14].

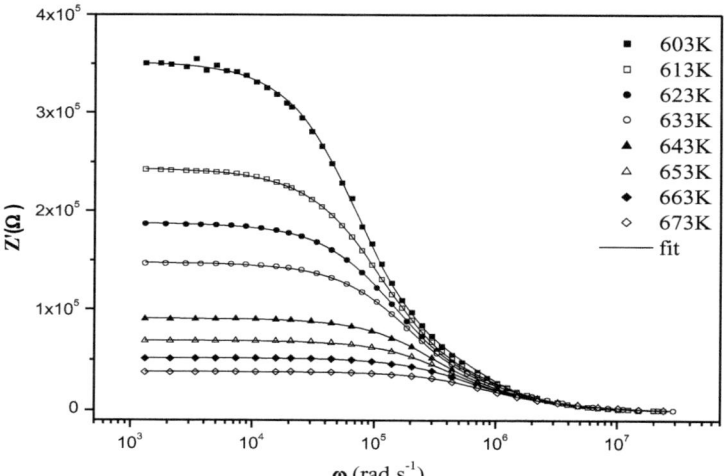

Figure II. 9: Variations de Z' en fonction de la fréquence angulaire du composé NaAlP$_2$O$_7$

La figure II. 10 montre la variation de Z" en fonction de la fréquence angulaire, ainsi que les résultats de la simulation effectué à l'aide de l'équation (2).
Sur chaque spectre, on peut identifier la présence d'un seul pic asymétrique. Ce pic représente la relaxation à basse fréquence due à la contribution des joints de grains. En fait, quand il existe un écart très important entre les résistances de deux contributions comme dans notre cas, le pic associé à la contribution la plus résistive

domine entièrement le graphique Z"=f(ω) et masque le second pic. L'asymétrie de ce pic indique que la relaxation des joints de grains est de type non-Debye [15]. Il est par ailleurs important de noter que, quand la température augmente, d'une part l'amplitude des pics diminue et d'autre part le pic se déplace vers les hautes fréquences indiquant ainsi des résistances et des temps de relaxation de plus en plus petits. La hauteur du pic est proportionnelle à la résistance des joints de grains selon l'équation [16]:

$$Z'' = \frac{R_{jg}}{\frac{\omega \tau_{jg}}{1+\omega^2 \tau_{jg}^2}} \quad (3)$$

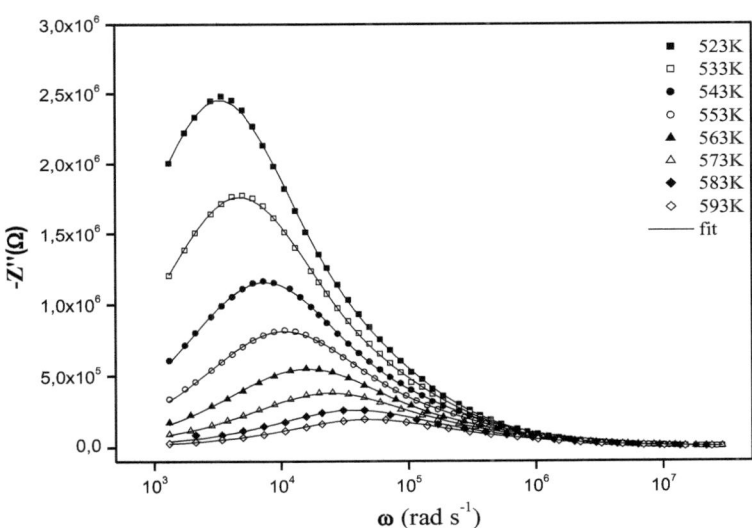

Figure II. 10: Variations de -Z" en fonction de la fréquence angulaire

Les figures II. 11 représente les variations de Z' calculé en fonction de Z' expérimentale. On note une bonne conformité des courbes calculées avec les résultats expérimentaux ce qui montre que le circuit équivalent proposé décrit bien le comportement de matériau.

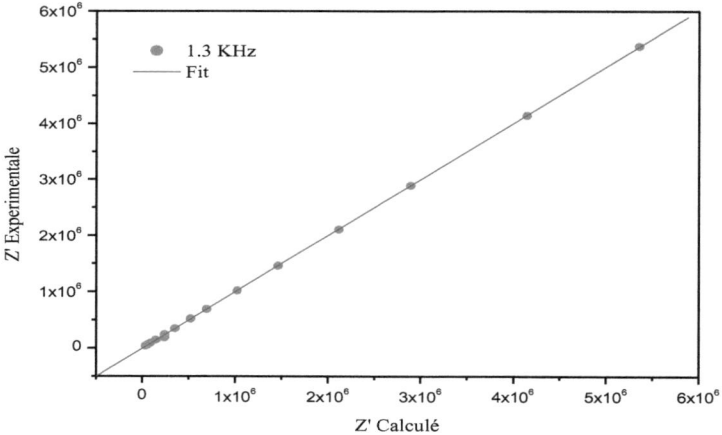

Figure II. 11: Corrélation graphique entre Z' calculé et Z' expérimentale.

V. 4. Etude de la conductivité

V. 4. 1. Conductivité en courant continu

Pour accéder à l'énergie d'activation de deux processus de relaxation de notre composé, il faut tout d'abord calculer la conductivité des ions dans les grains et les joints des grains. La conductivité des grains (σ_g), des joints de grains (σ_{jg}) ainsi que la conductivité totale (grains + joints de grains) ont été calculées à partir des équations suivantes [17-19]:

$$\sigma_g = \frac{e}{S \times R_g} \quad (4)$$

$$\sigma_{jg} = \frac{e}{S \times R_{jg}} \times \frac{C_g}{C_{jg}} \quad (5)$$

$$\sigma_{tot} = \frac{e}{S \times R_{tot}} \quad (6)$$

avec e et S sont respectivement l'épaisseur et la surface de la pastille.

L'évolution thermique des conductivités σ_{tot}, σ_g et σ_{jg} de composé $NaAlP_2O_7$ est proposée sur la figure II. 12. L'allure linéaire des courbes vérifie bien la loi d'Arrhenius:

$$\sigma = \sigma_0 \exp\left(\frac{-E_a}{k_B T}\right) \quad (7)$$

σ_0 représente le terme pré-exponentiel, E_a représente l'énergie d'activation et k_B la constante de Boltzmann qui est égale à $1{,}38\times10^{-23}$ J.K^{-1}.

Les pentes des droites de la Figure II. 12 nous permettent à déterminer les énergies d'activation des processus de conduction. L'énergie d'activation des grains (0,95 eV) est plus faible que celle des joints de grains (1,12 eV). Par ailleurs, la conductivité totale du composé NaAlP$_2$O$_7$ est inférieure à la conductivité des grains mais supérieure à celle des joints de grains. Ceci indique qu'il existe un blocage partiel des porteurs de charges par les joints de grains. Autrement dit, la conductivité des composés est limitée par la conductivité des joints de grains des matériaux.

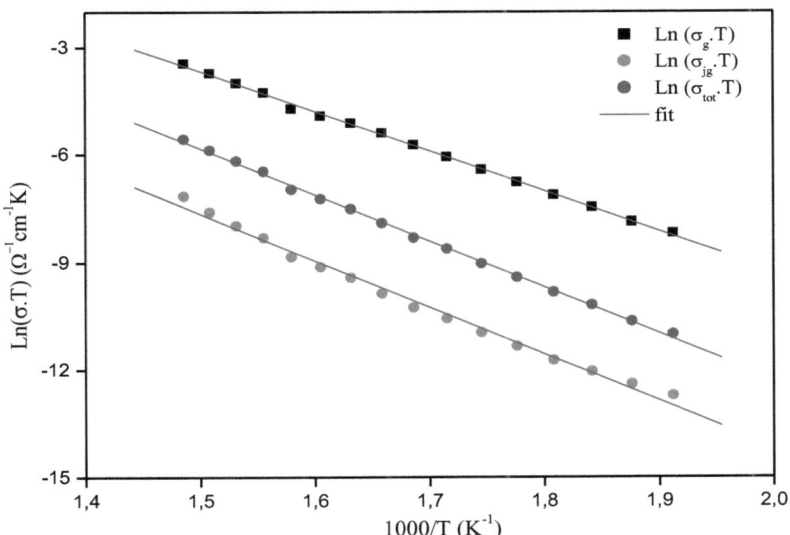

Figure II. 12: Variation thermiques de Ln (σ_g T)

V. 4. 2. Conductivité en courant alternative

La conductivité en courant alternative est l'une des propriétés significatives des matériaux qui permet de déterminer le mécanisme de conduction [22]. A partir des mesures d'impédance et de la géométrie de l'échantillon, nous avons déduit la variation de la conductivité σ_{ac} selon [23].

$$\sigma_{ac} = \left(\frac{e}{s}\right) * \left(\frac{Z'}{Z'^2 + Z''^2}\right) \qquad (8)$$

La figure II. 13 montre la variation de la conductivité σ_{ac} en fonction de la fréquence angulaire pour différents températures. Ces courbes laissent apparaître un comportement différent de celui observé dans la plupart des composés étudiés dans la littérature, pour lesquels le comportement de σ_{ac} est décrit par la loi "universelle", publiée par Jonscher's [24].

Selon le domaine de fréquence, trois régions se distinguent sur chacune des courbes $\sigma_{ac}(\omega)$:

- ❖ aux plus faibles fréquences, un palier de conductivité indépendante de la fréquence apparaît. Ce palier représente la conductivité électrique totale du matériau σ_{tot}.

- ❖ aux fréquences intermédiaires, la conductivité σ_{ac} évolue linéairement avec la fréquence selon la loi de puissance $A\omega^s$. Il traduit les interactions qui affectent le mouvement des porteurs de charges.

- ❖ aux fréquences les plus élevées, elle devient un peut indépendante de la fréquence.

Lorsque que la température augmente, la fréquence de transition entre ces trois régimes se déplace vers les hautes fréquences. Ceci montre encore une fois que les différents processus de conduction de ce matériau sont thermiquement activés.

Pour décrire la variation de la conductivité σ_{ac} de notre composé sur toute la bande de fréquence, la relation de Jonscher n'est donc pas adaptée. Nous avons ajusté les valeurs expérimentales par une équation, qui tient compte de la contribution des trois régimes et qui s'écrit [25]:

$$\sigma_{ac}(\omega) = \frac{\sigma_s}{1+\tau^2\omega^2} + \frac{\sigma_\infty \tau^2 \omega^2}{1+\tau^2\omega^2} + A\omega^s \qquad (9)$$

avec σ_s le valeur de la conductivité σ_{ac} du composé $NaAlP_2O_7$ à basse fréquence, σ_∞ : le valeur de la conductivité σ_{ac} à haute fréquence, A : une constante dépendante de la température et s : un exposant fonction de la température et de la fréquence ($0 \leq s \leq 1$). L'allure générale des simulations est en accord avec les données expérimentales.

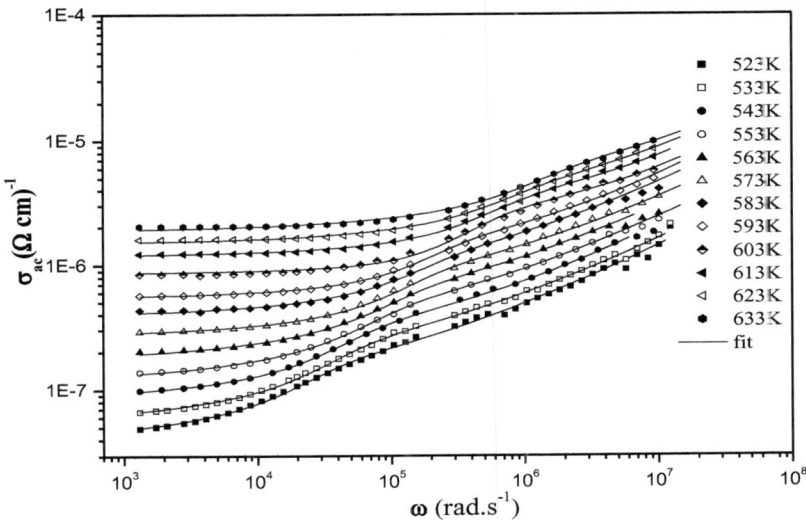

Figure II. 13: Variations de σ_{ac} en fonction de la fréquence angulaire

V. 5. Étude du modulus complexe

Le formalisme modulus est intéressant de l'utiliser car il accentue les propriétés du grain et de joint de grain en réduisant les effets des électrodes. Le formalisme modulus complexe a été introduit pour la première fois par Moynihan et Macedo en 1972 [26, 27]. Il est défini comme l'inverse de la permittivité complexe par les équations suivantes:

$$M^* = \frac{1}{\varepsilon^*} = j\omega C_0 Z^* = M' + jM'' \qquad (10)$$

$$M' = \frac{\varepsilon'}{(\varepsilon'^2 + \varepsilon''^2)} \qquad \text{et} \qquad M'' = \frac{\varepsilon''}{(\varepsilon'^2 + \varepsilon''^2)}$$

C_0 : la capacité à vide, M' et M" représentent la partie réelle et imaginaire du modulus complexe.

Les courbes traduisant la variation de la partie imaginaire M" en fonction de fréquence angulaire pour différentes températures sont données sur la figure II. 14. On observe deux pics de relaxation: le premier pic situé à basse fréquence est associé aux effets des joints des grains et le deuxième est observé à haute fréquence est corrélée aux grains. A basse fréquence, le comportement de M" tendant vers zéro montre que les effets de polarisation d'électrodes sont ici négligeables [28]. Une augmentation de la température provoque un déplacement des maximums de ces pics vers les hautes fréquences suggérant un caractère de conducteur ionique de l'échantillon [29]. Chaque maximum de M" correspond à une fréquence caractéristique ω_p. Le domaine de fréquence situé à gauche du pic correspond à des mouvements à longue distance des ions mobiles, essentiellement Na^+. Le domaine situé à droite du pic correspond aux porteurs de charge confinés dans leurs puits de potentiel. Le domaine de fréquence où le maximum du pic de relaxation est observé, traduit un passage d'un déplacement à courte distance à un déplacement à longue distance des porteurs des charges.

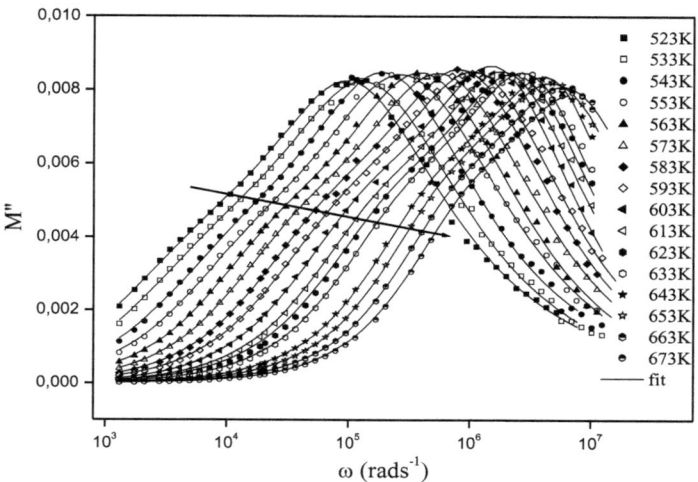

Figure II. 14: Variation de M" en fonction de la fréquence angulaire

Pour extraire certains paramètres caractéristiques des porteurs de charge tels que leur énergie d'activation, leur fréquence de saut ou leur temps de relaxation, des simulations numériques des spectres du modulus s'avèrent nécessaires. Bergman [30] a proposé une fonction qui décrit la variation de la partie imaginaire du modulus M" :

$$M'' = \frac{M''_{1\,max}}{\left((1-\beta_1)+\left(\frac{\beta_1}{1+\beta_1}\right)\right)[(\frac{\omega_{1\,max}}{\omega})+(\frac{\omega}{\omega_{1\,max}})^{\beta_1}]} + \frac{M''_{2\,max}}{\left((1-\beta_2)+\left(\frac{\beta_2}{1+\beta_2}\right)\right)[(\frac{\omega_{2\,max}}{\omega})+(\frac{\omega}{\omega_{2\,max}})^{\beta_2}]} \quad (11)$$

Le bon accord entre les courbes expérimentales et les courbes calculées (Figure II. 14) montre que le modèle adopté décrit bien le comportement de ce matériau. Le fit de la partie imaginaire M" du modulus selon l'équation (11) permet de déduire le paramètre Kohlrausch β. De nos jours, le paramètre β est utilisé en tant que terme de corrélation entre les mouvements de porteurs de charges. En effet, sa valeur devient d'autant plus faible que la coopérativité entre les ions mobiles devient plus grande [31]. A haute fréquence les valeurs de β obtenues sont de l'ordre de 0,82. Le paramètre β est donc indépendant de la température à haut fréquences.

La variation logarithmique de la fréquence de relaxation des grains (f_g) et des joints de grains (f_{jg}) en fonction de l'inverse de la température est représentée sur la figure II. 15. La variation thermique des fréquences des deux relaxations suit la loi classique d'Arrhenius. Les énergies d'activation associées aux grains et aux joints de grains, issues du modulus, sont respectivement égales à 0,90 eV et 1,06 eV.

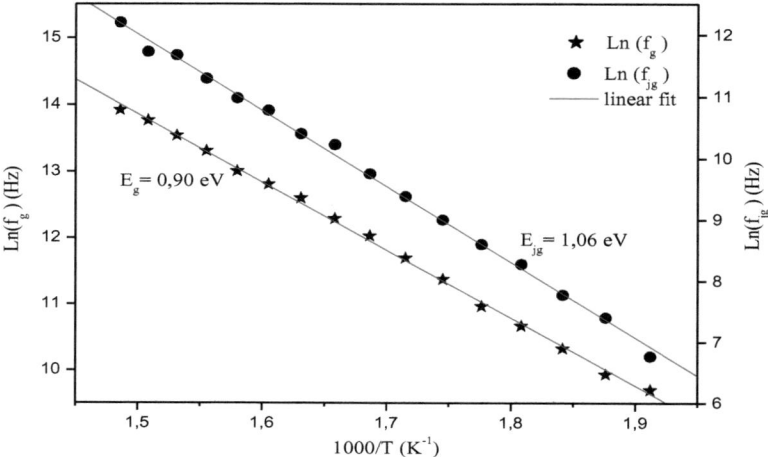

Figure II. 15: Variation thermiques de Ln (f_g) et Ln (f_{jg})

Les courbes représentant la variation de la partie imaginaire du modulus normalisée (M"/M"$_{max}$) en fonction de f / f$_{max}$ pour différentes températures sont rapportées sur la figure II. 16. Toutes les courbes se superposent en une unique courbe maitresse. Ceci suggère que la distribution du temps de relaxation de la réponse des joints de grains est pratiquement la même dans toute la gamme de température étudiée [32].

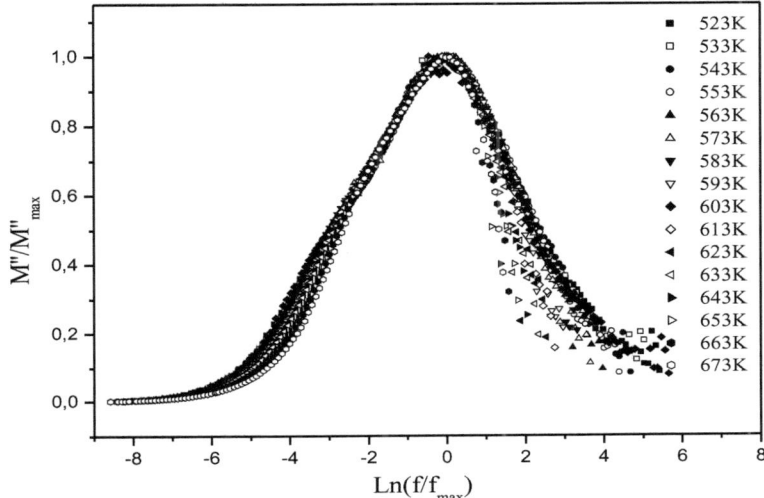

Figure II. 16: Evolution de M" normalisé pour différentes températures.

V. 6. Mécanismes de conduction des porteurs de charge

Les énergies d'activation déterminées à partir des spectres d'impédance et du modulus complexe sont très proches. Ce résultat nous permet de conclure que le transport des porteurs de charge est probablement dû à un mécanisme de saut simple [35].

L'explication des mécanismes de conduction ionique passe par la connaissance de la structure cristalline. Rappelons que la structure de ce composé est constituée des tunnels, parallèles à l'axe a+c dont lesquelles se trouvent les ions monovalents Na^+.

Les dimensions de ces tunnels, varient de 2,814 à 4,641 Å (figures II. 17). Ces dimensions sont supérieures à deux fois le rayon Na^+= 1,02 Å selon Shannon [40]. Ces dimensions sont favorables à la conduction des cations sodium.

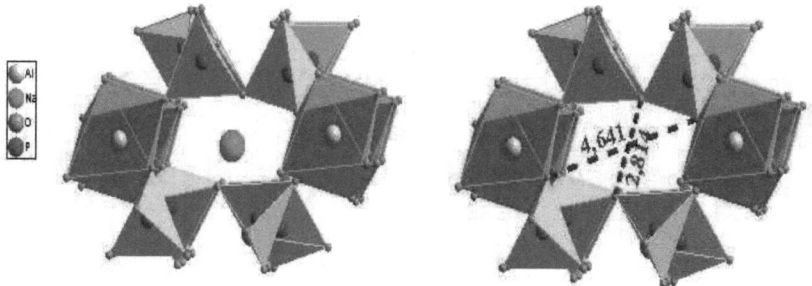

Figure II. 17: Forme du tunnel dans la structure du composé NaAlP$_2$O$_7$

Conclusions:

L'étude par RX poudre à la température ambiante montre que le composé $NaAlP_2O_7$ cristallise dans le système monoclinique avec le groupe d'espace P21/c.

L'analyse de l'échantillon par RMN du solide du ^{31}P a montré que le composé $NaAlP_2O_7$ est formé par deux types d'octaèdres PO_4.

Les propriétés électriques ont été étudiées par spectroscopie d'impédance. Les énergies d'activation, déterminées à partir de la conductivité et de modulus complexes sont le, même. Cela indique que la conduction dans ce composé est prévue par le modèle de saut classique.

Références bibliographiques

[1] J. Alkemper, H. Paulus, H. Fuess, Z. Kristallogr. 209 (1994) 616.

[2] D. Massiot, H. Theile, A. Germanius, Bruker Rep. 140 (1994) 43.

[3] S. Un, M. M. Klein, J.Am. Chem. Soc. 111 (1989) 5119.

[4] W. H. Baur, Acta Crys B. 30 (1974) 1195.

[5] M. Serghini Idrissi, L. Rghioui, R. Nejjar, L. Benarafa , M. Saidi Idrissi, A Lorriaux, F. Wallart, Spectrochimica Acta Part A. 60 (2004) 2043.

[6] N. Khay, A. Ennaciri, M. Harcharras, Vib. Spectro. 27 (2001) 119.

[7] N. Khay, A. Ennaciri, J. Alloys. Compd. 323 (2001) 800.

[8] N. Khay, A. Ennaciri, A. Rulmont, J. Raman Spectrosc. 32 (2001) 1052.

[9] B.S. ParajÓn-Costa, R.C. Mercader b, E.J. Baran, J. Phys. Chem. Solids. 74 (2013) 354.

[10] A. Orilukas, A. Dindune, Z. Kanepe, J. Ronis, E. Kazakevicius, A. Kezionis, Sol. Sta. Ionics. 157 (2003) 177.

[11] B. Behera, P. Nayak, R.N.P. Choudhary, J. Alloys Compd. 436 (2007) 226.

[12] J. C. P. Flores, F. G. Alvarado, Solid State Sciences.,11 (2009) 207.

[13] A.R. West, N. Mirose, Bol. Soc. Esp. Ceram. Vidrio.,34 (1995) 496.

[14] Lily, J. All. and Comp. 453 (2008) 325.

[15] P. S. Sahoo, A. Panigrahi, S. K. Patri, R. N. P. Choudhary, J. Mater Sci: Mater Electron.,20 (2009) 565.

[16] R. V. HIPPLE "Dielectrics andWaves" (JohnWiley and Sons, NY), (1954).

[17] N. Nallamuthua, I. Prakasha, N. Satyanarayanaa, M. Venkateswarlu, J. Alloys Compd,509 (2011) 1138.

[18] D. M. López, J.C. R. Morales, J. P. Martínez, M.C. M. Sedeño, J.R. R. Barrado, Soli Sta Ionics.,186 (2011) 44.

[19] G.M. Christie, F.P.F. Van Berkel, Soli Sta Ionics. 83 (1996) 17.

[20] B.Behera, P. Nayak, R.N.P. Choudhary, Mater. Res. Bull,43 (2008) 401.

[21] B. Behera, P. Nayak, R.N.P. Choudhary, J. Alloys Compd,436 (2007) 226.

[22] M. Ram. Solid. Stat. Scienc. 12 (2010) 350.

[23] S. Brahma, R.N.P. Choudhary, A.K. Thakur, Electrocer Physi B. 355 (2005) 188.

[24] A. K. Jonscher, Nature. 267 (1977) 673.

[25] Marc DUSSAUZE, "Génération de second harmonique dans des verres borophosphate de sodium et niobium par polarisation thermique", Université bordeaux I, Thèse (2005).

[26] P. B. Macedo, C. T. Moynihan, R. Bose, Physics and Chem. of Glasses. 13 (1972) 171.

[27] C. T. Moynihan, L. P. Boesch, N. L. Laberge, Physics and Chem. of Glasses. 14 (1973) 122

[28] S. V. Rathan, G. Govindaraj, Mater. Chem. Phys. 120 (2010) 255.

[29] P.B. Macedo, C.T. Mognihan, R. Bose, Phys. Chem. Glasses. 13 (1972) 171.

[30] K. Karoui, A. Ben Rhaim, K. Guidara. Physica B. 407 (2012) 489.

[31] B. V. R. Chowdari, K. Radharishnan, J. Non-Cryst. Solids. 108 (1989) 323.

[32] A. Dutta, T.P. Sinha, J. Phys. Chem. Solids. 67 (2006) 1484.

[33] Y. Ben Taher, R. Hajji, A. Oueslati, M. Gargouri j clust sci. (2014) DOI 10.1007/s10876-014-0812-3

CHAPITRE III :

Etude électrique, diélectrique et mécanisme de conduction du composé $AgAlP_2O_7$

Étude électrique, diélectrique et mécanisme de conduction | Chapitre III

Introduction

Dans ce chapitre nous présenterons les résultats des études électriques et diélectriques du composé $AgAlP_2O_7$. On proposera un circuit électrique équivalent qui décrit le comportement électrique de matériau.
Une étude de la conductivité sera prévue afin de déterminer le mécanisme de conduction au sein de ce matériau.

I. Élaboration du composé $AgAlP_2O_7$

I. 1. Produits de départ

La synthèse de la solution solide du système étudié est réalisée sous forme de poudres à l'état solide des réactifs Ag_2CO_3, Al_2O_3 et $NH_4H_2PO_4$ qui sont des produits commerciaux dont la pureté et le fabricant sont précisées dans le tableau III. 1.

Tableau. III. 1: Caractéristiques des réactifs de départ.

Produit	Masse molaire (g.mol^{-1})	Pureté (%)	Marque
Ag_2CO_3	308,79	99	Fluka
Al_2O_3	101,96	99	Fluka
$NH_4H_2PO_4$	115,03	99	Fluka

I. 2. Méthode de préparation

La méthode utilisée pour la préparation du composé $AgAlP_2O_7$ est la voie solide classique. Elle consiste à faire réagir, à l'état solide et à des températures plus ou moins élevées, des réactifs.
Après pesés, les précurseurs sont soigneusement mélangés dans des proportions stœchiométriques et broyés dans un mortier. La poudre obtenue est portée dans un creuset à une température de 300°C pendant 8 heures. Cette étape permet la décomposition et le dégagement des gaz. Le produit obtenu est à nouveau pesé et broyé manuellement, la poudre est ensuite pressée sous forme de pastille de diamètre 8mm et d'épaisseur de l'ordre de 1 à 2mm, pour favoriser les mécanismes

Etude électrique, diélectrique et mécanisme de conduction | Chapitre III

d'évaporation condensation et diffusion lors de la réaction à l'état solide. Les pastilles obtenus sont frittés a une température de 800°C. La réaction suivante décrit la synthèse du composé $AgAlP_2O_7$:

$$Ag_2CO_3 + Al_2O_3 + 4\ NH_4H_2PO_4 \rightarrow 2\ AgAlP_2O_7 + 6\ H_2O + 4\ NH_3\uparrow + CO_2\uparrow$$

II. Caractérisation par diffraction des rayons X sur poudre

Afin de contrôler la pureté et l'homogénéité de l'échantillon préparé, nous avons utilisé la technique de diffraction des rayons X sur poudre. La figure III. 1 représente le diffractogramme sur poudre enregistré, par un diffractomètre (θ-2θ) de type Philips, utilisant la raie λ_{K_α} = 1,5418 Å du cuivre. L'indexation des différentes raies a été réalisée au moyen du programme Celref 3[1]. Ce programme est basé sur la méthode de moindre carré.

Après plusieurs optimisations, toutes les raies indexées du diffractogramme montrent que le composé cristallise dans le système monoclinique sous le groupe d'espace $P2_{1/C}$ dont les paramètres affinés sont: a= 7,332(4)Å; b= 7,904(3)Å; c= 9,513(3)Å and β= 111,830(5)°.

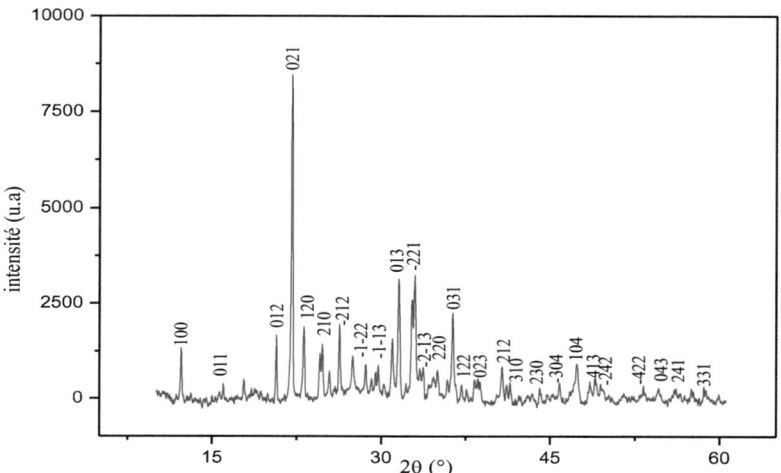

Figure III. 1: Diffractogramme du rayon X de composé $AgAlP_2O_7$

III. Spectroscopie d'impédance complexe

III. 1. Etude électrique

III. 1. 1. Circuit électrique équivalent

L'une des représentations graphiques la plus utilisée dans la spectroscopie d'impédance complexe, est la représentation de Nyquist qui consiste à tracer la partie imaginaire (Z'') en fonction de la partie réelle (Z') dans un repère orthonormé cartésien. Les diagrammes de Nyquist relatifs au composé $AgAlP_2O_7$ obtenus à différentes températures sont présentés sur la figure III. 2. Tous les spectres contiennent un seul demi-cercle, suivi d'une petite queue dans les zones de basses fréquences et hautes températures.

D'après ce qu'on peut lire dans la littérature [2], le demi-cercle situé vers les hautes fréquences représente les phénomènes de conduction intrinsèque, c'est-à-dire la réponse des grains et donne lieu à la résistance des grains (R_g). La queue dans les zones de basses fréquences correspondant aux phénomènes d'électrode.

Afin d'extraire les paramètres électriques, les données expérimentales doivent être modélisées à l'aide d'un modèle électrique équivalent. Le circuit équivalent, qui nous permet de traiter correctement tous les diagrammes d'impédance de ce composé, est montré sur la figure III. 2. Le demi-cercle obtenu à haute fréquence a été modélisé par un circuit R∥CPE; tandis que la queue à basse fréquence a été ajusté par un élément à phase constante, plus communément appelé CPE (Constant Phase Element).

Pour la modélisation de la contribution à haute fréquence, un CPE a été utilisé au lieu d'une capacité pure pour rendre compte du décentrage du demi-cercle associé par rapport à l'axe des réels Z'. L'utilisation d'un CPE traduit donc un écart à la loi de Debye et donc à une distribution du temps. Un CPE est caractérisé par deux paramètres : un coefficient Q et un exposant α ($0 \leq \alpha \leq 1$), qui représente l'intensité de la déviation par rapport à un système idéal (celui de Debye) et permet de déterminer l'angle de décentrage ϕ du cercle grâce à la formule suivante: $\phi = (1 - \alpha)\frac{\pi}{2}$

Les paramètres extraits du circuit équivalent utilisé pour ce composé sont donc : la résistance des grains R_g, les paramètres du CPE du grain (Q_g et α_g) et les paramètres du CPE de l'effet de l'électrode. L'exposant α présente ici des valeurs comprises entre 0,92-0,95 (soit un angle de dépression compris entre 4,5° et 7,2° par rapport à l'axe des réels), ce qui illustre que le CPE est essentiellement une capacitance, les interactions dipolaires ne peuvent pas être négligées. Néanmoins, les dimensions du facteur Q ne correspondent pas exactement à celle d'une capacité.

Les valeurs de la capacité Q_g sont de l'ordre du pF ce qui implique que les semi-cercles observés sont essentiellement dus à la conduction des grains. Le demi-cercle observé est bien la signature de la conductivité des ions à travers les grains de l'échantillon. La queue à basse fréquences est probablement dû a l'effet d'électrode.

L'impédance complexe Z peut être écrite sous forme de deux composantes réelle Z' et imaginaire Z".

$$Z = Z' + j\, Z'' \tag{1}$$

tel que

$$Z' = \frac{R_g^2 Q_g \omega \cos\left(\frac{\alpha_g \pi}{2}\right) + R_g}{(R_g Q_g \omega^{\alpha_g} \cos\left(\frac{\alpha_g \pi}{2}\right) + 1)^2 + (R_g Q_g \omega^{\alpha_g} \sin\left(\frac{\alpha_g \pi}{2}\right))^2} + \frac{\cos\left(\frac{\alpha_e \pi}{2}\right)}{Q_e \omega^{\alpha_e}} \tag{2}$$

$$-Z'' = \frac{R_g^2 Q_g \omega \sin\left(\frac{\alpha_g \pi}{2}\right) + R_g}{(R_g Q_g \omega^{\alpha_g} \cos\left(\frac{\alpha_g \pi}{2}\right) + 1)^2 + (R_g Q_g \omega^{\alpha_g} \sin\left(\frac{\alpha_g \pi}{2}\right))^2} + \frac{\sin\left(\frac{\alpha_e \pi}{2}\right)}{Q_e \omega^{\alpha_e}} \tag{3}$$

Nous avons représenté les courbes des résultats de la simulation de -Z" en fonction de Z' en lignes continues (figure III. 2). La simulation de ces spectres a été réalisée à l'aide de l'équation (2) et (3) à l'aide d'un programme basé sur la méthode des moindres carrés.

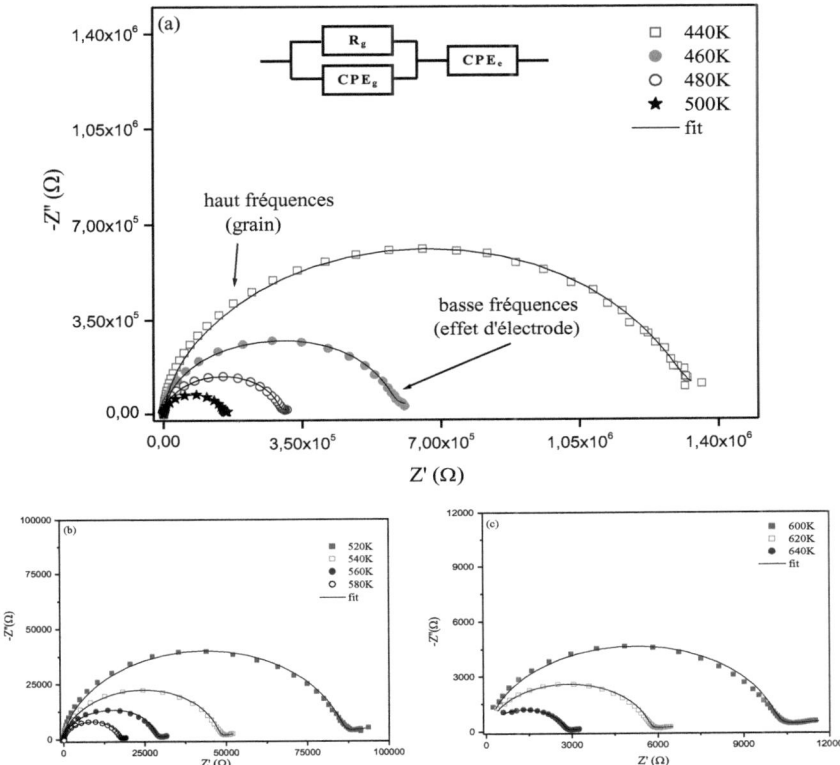

Figure III. 2: Diagrammes de Nyquist à différentes température et l'affinement correspondant, avec circuit électrique équivalent.

La variation de la partie imaginaire de l'impédance complexe (Figure III. 3) en fonction de la fréquence angulaire est caractérisée par une courbe dont le maximum correspond au temps de relaxation τ_r définie par $\tau_r=1/\omega_r$ (ω_r étant la fréquence angulaire de relaxation). Il est par ailleurs important de noter, quand la température augmente, d'une part l'amplitude des pics diminue et d'autre part le pic se déplace vers les hautes fréquences indiquant ainsi des résistances et des temps de relaxation de plus en plus petits.

La bonne conformité des courbes calculées avec les résultats expérimentaux montre que le circuit équivalent proposé décrit bien le comportement électrique du matériau $AgAlP_2O_7$.

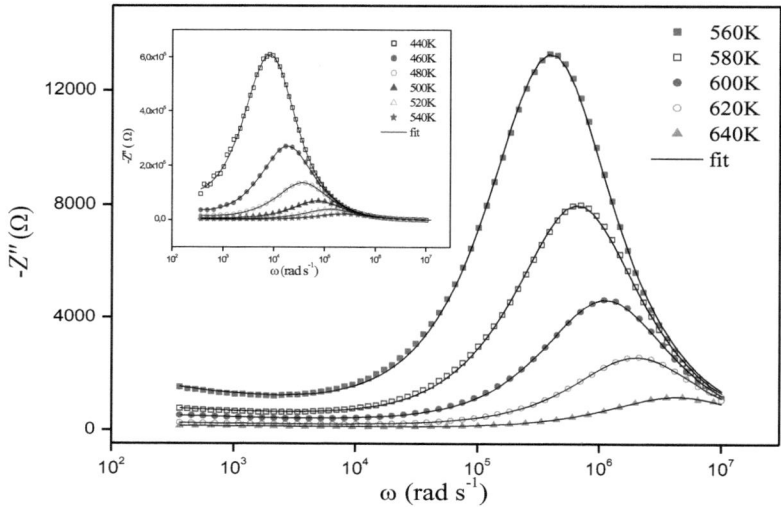

Figure III. 3: Variation de Z" en fonction de la fréquence angulaire

III. 1. 2. Evolution de la conductivité de grain en fonction de la température

Les paramètres obtenus par la simulation nous permettent de représenter la variation de la conductivité des grains en fonction de la température (figure III. 4):

$$\sigma_g = \frac{e}{R_g * S} \quad (4)$$

où e et S sont respectivement l'épaisseur et la section de la pastille de l'échantillon, Cette variation suit la loi d'Arrhenius.

$$\sigma = \sigma_0 \exp\left(-\frac{Ea}{k_B T}\right) \quad (5)$$

où E_a : est l'énergie d'activation des ions mobiles (eV)

k_B : la constante de Boltzmann

T : est la température absolue (K)

σ_0 : facteur pre-exponentiel qui dépend de la fréquence de vibration de réseau, de la distance interatomique. L'énergie d'activation est égale à 0.76eV.

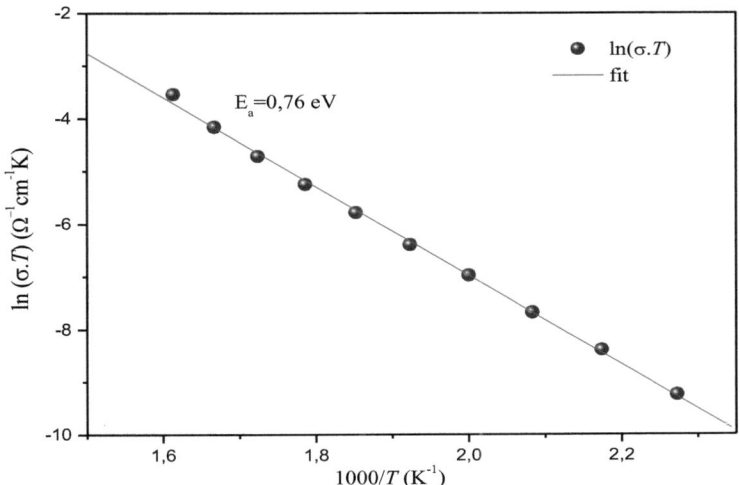

Figure III. 4: Variation de la conductivité en fonction de l'inverse de la température

III. 1. 3. Étude de la conductivité σ_{ac}

La conductivité σ_{ac} dans les matériaux décrite le mouvement des particules chargées sous l'influence d'un champ électrique. Elle est l'une des propriétés significatives des matériaux qui permet de déterminer le mécanisme de conduction [3]. La variation de la conductivité en fonction de la fréquence angulaire pour différentes températures du composé $AgAlP_2O_7$ est représentée sur la figure III. 5.

L'évolution de σ_{ac} en fonction de la fréquence à une température donnée peut être décomposée en deux termes selon le domaine fréquentiel :

- Aux basses fréquences σ_{ac} reste pratiquement constante, elle correspond à la conductivité en courant continu (σ_{dc}).
- Aux hautes fréquences σ_{ac} augmente suivant une loi de puissance de la forme $A\omega^s$.

Plusieurs théories ont été proposées pour l'étude de la conductivité en courant

alternatif parmi lesquelles on trouve le modèle de saut d'un site à un autre [4].
Jonscher a suggéré que la dispersion est une propriété "universelle" des matériaux diélectriques et une conséquence des interactions complexes entre les espèces mobiles donc, le phénomène de dispersion de la conductivité est généralement analysé en utilisant l'expression suivant:

$$\sigma_{ac}(\omega) = \sigma_{dc} + A\omega^s \qquad (6)$$

où σ_{dc} représente la conductivité en courant continu, A est une constante qui dépend de la température et s est un paramètre sans dimension caractéristique de la dispersion dans le matériau et représente le degré d'interaction entre les ions mobiles et les environnements qui les entourent. Ce paramètre, sans dimensions, a été fréquemment utilisé pour caractériser la conduction électrique dans les verres, les semi-conducteurs amorphes, les conducteurs ioniques et quelques cristaux [5].

La modélisation des courbes expérimentales en utilisant l'équation de Jonscher montreun bon accord entre les courbes théoriques et expérimentales du matériau étudié (figure III. 5) et nous a permis de déterminer les paramètres σ_{dc}, A et s à différentes températures.

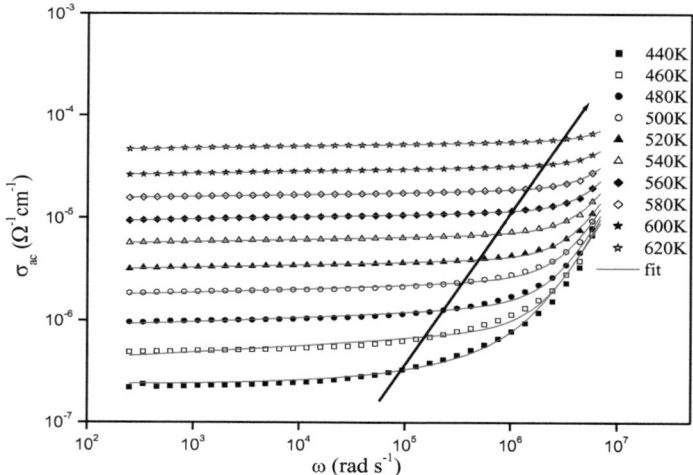

Figure III. 5: Variations de la conductivité en fonction de la fréquence angulaire pour différents températures.

III. 2. Mise en évidence du mécanisme de conduction

La compréhension du transport électrique dans les matériaux céramique a toujours suscité un fort intérêt en partie parce que ces matériaux possèdent un grand potentiel pour les applications à l'état solide et d'autre part parce que ce domaine d'étude participe activement à la compréhension de la théorie générale de la physique des matériaux.

De nombreux modèles ayant pour objectif d'expliquer le mécanisme de conduction dans divers matériaux ont été proposés dans la littérature. Citons par exemple le modèle quantique à effet tunnel (QMT), le modèle corrélé au saut de barrière (CBH), le modèle de chevauchement large polaron par effet tunnel (OLPT), le modèle de non-chevauchement de petit polaron par effet tunnel (NSPT).

La variation de l'exposant s(T) en fonction de la température permet d'identifier le mécanisme de conduction dans les solides désordonnés, ainsi que la nature des porteurs de charges en présence d'un champ alternatif.

L'exposant s(T) est calculé moyennant la relation [6] :

$$S = \frac{dLn(\sigma)}{dLn(\omega)} \qquad (7)$$

La dépendance en température de "s" est reportée sur la Figure III. 6. On observe nettement une diminution de "s" avec l'augmentation de la température.

Etude électrique, diélectrique et mécanisme de conduction | Chapitre III

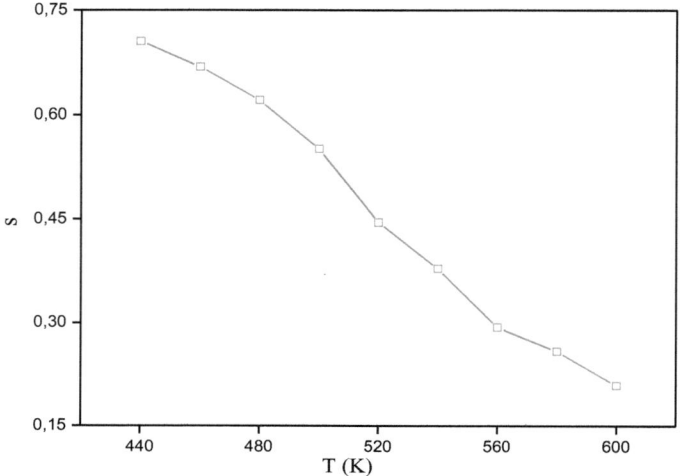

Figure III. 6: Variation de l'exposant "s" en fonction de la température.

Selon le modèle de mécanique quantique à effet tunnel (QMT) [7], l'exposant "s" est pratiquement égal à 0,8 et augmente légèrement avec l'accroissement de la température. Selon le modèle de chevauchement de large polaron par effet tunnel (OLPT) [8], l'exposant "s" est à la fois dépendant de la température et de la fréquence. Il diminue avec la température de la valeur unitaire vers une valeur minimale, puis il augmente. Pour le modèle de non-chevauchement de petit polaron par effet tunnel (NSPT) [7], l'exposant "s" dépend de la température, il croit lorsque la température augmente. Par conséquent, les modèles QMT, OLPT et NSPT ne sont pas applicable aux résultats obtenus dans le composé $AgAlP_2O_7$.

Selon le modèle de sauts à barrière corrélé (CBH), les valeurs de l'exposant en fréquence "s" diminuent avec l'augmentation de la température [9]. Ceci est en bon accord avec nos résultats et suggère donc que ce modèle est le plus approprié pour caractériser le mécanisme de conduction électrique dans $AgAlP_2O_7$.

Ce modèle permet de décrire les sauts de porteurs de charge entre les sites de proches voisins au dessus d'une barrière de potentiel W_M qui les sépare. Dans ce modèle, l'exposant en fréquence "s" est évalué d'après l'équation suivante [10]:

$$s = 1 - \frac{6k_BT}{W_M - k_BT \text{Ln}(1/\omega\tau_0)} \qquad (8)$$

W_M : la hauteur maximale de la barrière, elle est aussi associée à la profondeur du piège des sites localisés [11].

τ_0 : est une caractéristique du temps de relaxation, elle est de l'ordre d'une période de vibration d'un atome ($\tau_0 = 10^{-13}$s) [12].

Pour les grandes valeurs de W_M/K_BT, s(T) est proche de l'unité, on peut donc remplacer en première approximation, l'équation (8) par l'équation (9) :

$$s = 1 - \frac{6K_BT}{W_M} \qquad (9)$$

Les valeurs de W_M calculées aux différentes températures à partir de l'équation (9) sont présentées sur la figure III. 7. On remarque que les valeurs de W_M diminuent lorsque la température augmente. Ainsi, le nombre de porteurs des charges libres qui peuvent sauter par-dessus la barrière sera augmenté. Par conséquent, ce comportement confirme l'augmentation de la conductivité avec la température.

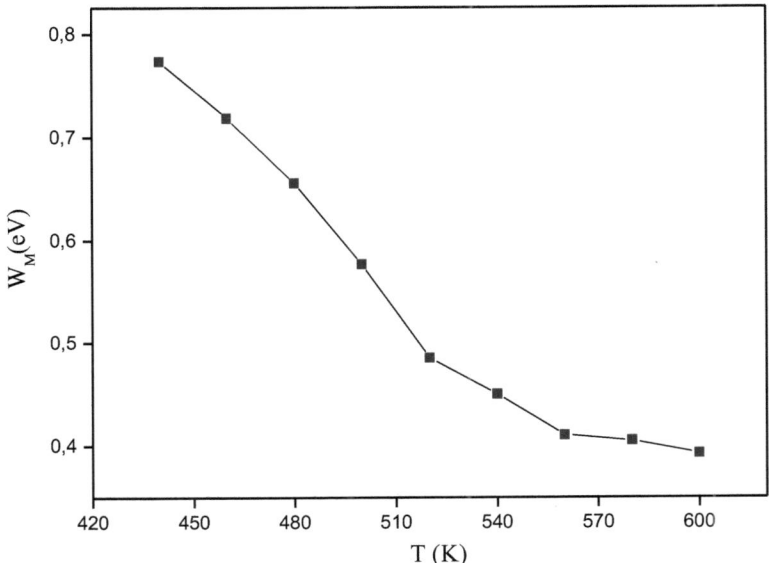

Figure III. 7: Variation de W_M pour différentes températures

La distance de saut, définie par R_ω pour une fréquence angulaire ω et une température T, dans le cadre du modèle CBH, est donnée par [13]:

$$R_\omega = \frac{e^2}{\pi\varepsilon'\varepsilon_0[W_M - k_B T \mathrm{Ln}\left(\frac{1}{\omega\tau_0}\right)]} \quad (10)$$

Où: e est la charge de l'électron, ε_0 la permittivité du vide et ε' la partie réelle de la permittivité.

La limite inférieure de la distance de saut est:

$$R_{min} = \frac{e^2}{\pi\varepsilon'\varepsilon_0 W_M} \quad (11)$$

Pour les sites voisins séparés par une distance de R_ω, les puits de Coulomb (forme des pièges) se chevauchent, ce qui entraîne un abaissement de la barrière de W_M à une barrière minimale W_m (Figure III. 8)

$$W_m = W_M - \frac{e^2}{\pi\varepsilon'\varepsilon_0 R_\omega} \quad (12)$$

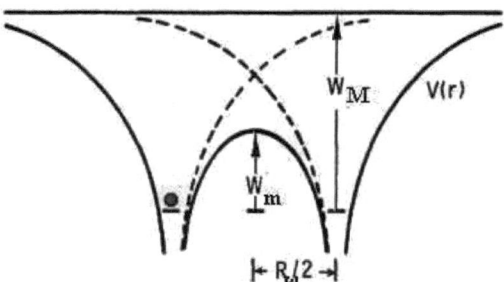

Figure III. 8: Une représentation schématique des puits de Coulomb selon le modèle CBH

La distance du saut maximale R_ω, la distance de saut minimale R_{min} et la hauteur minimale de la barrière coulombienne W_m sont calculées en utilisant les équations (10), (11) et (12), respectivement en prenant $\tau_0 = 10^{-13}$ s. Ces résultats sont représentés dans les figures III. 9, III. 10 et III. 11.

Etude électrique, diélectrique et mécanisme de conduction | Chapitre III

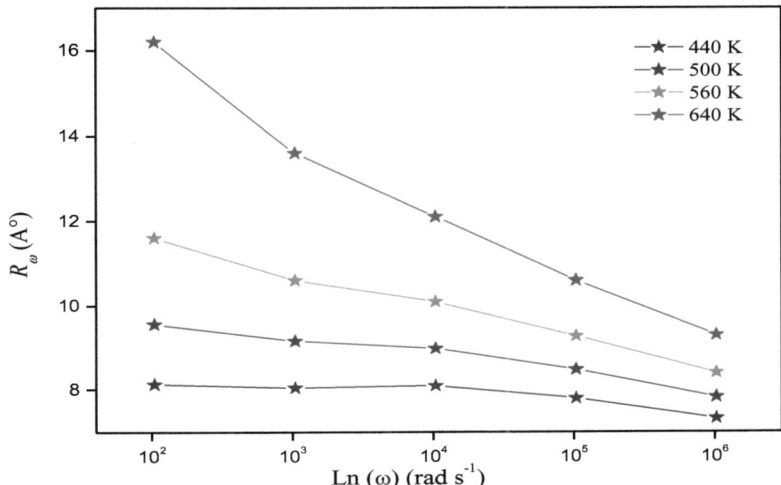

Figure III. 9: Variation de la distance du saut maximale en fonction de la fréquence

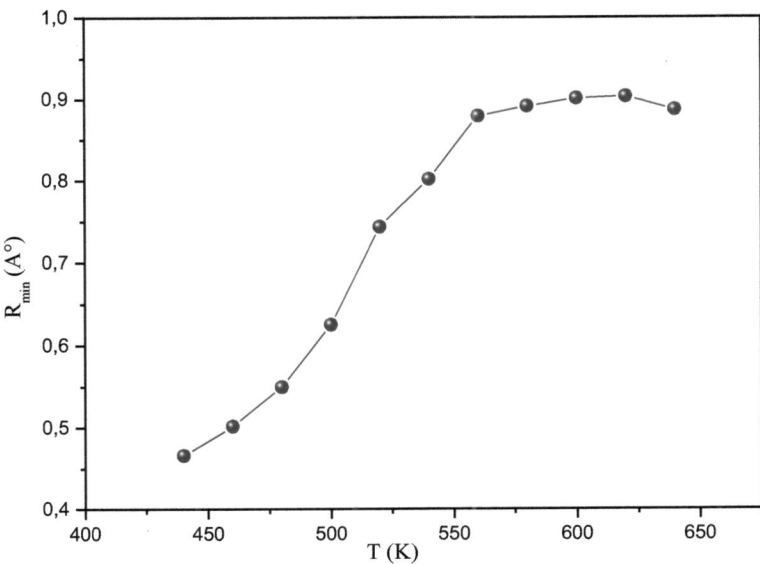

Figure III. 10: Variation de la distance du saut maximale en fonction de la température

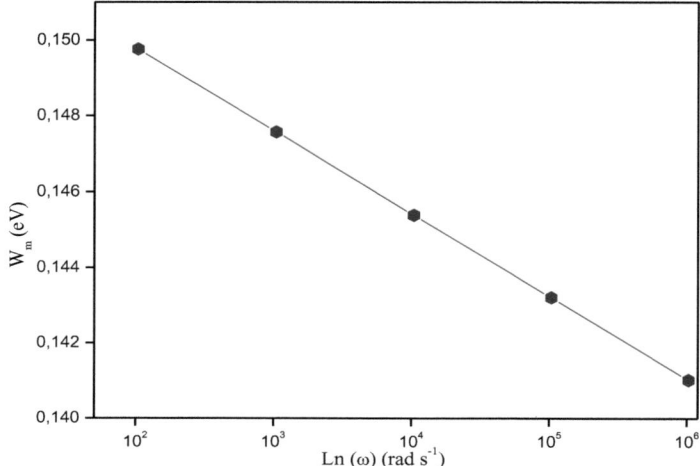

Figure III. 11: Variation de la hauteur minimale de la barrière coulombienne W_m en fonction de la fréquence angulaire

La distance de saut R_ω et la hauteur de la barrière W_m diminuent avec l'augmentation de la fréquence. Ainsi, les charges peuvent sauter facilement vers les sites les plus proches voisins et ceci explique l'augmentation de la conductivité en courant alternative σ_{ac} en fonction de la fréquence.

Il est difficile de vérifier la validité de l'ordre du grandeur des valeurs calculées ci-dessus car, comme indiqué, aucune donnée de référence n'est disponible pour les diphosphates à base d'aluminium.

III. 3. Etude diélectrique

Afin d'étudier les phénomènes de relaxation diélectrique dans $AgAlP_2O_7$ une analyse de la permittivité complexe a été menée. La permittivité complexe du type Debye pour un comportement d'un diélectrique idéal est décrite par l'expression suivante [14]:

$$\varepsilon^* = \varepsilon_\infty + \frac{\varepsilon_s - \varepsilon_\infty}{1 + \frac{i\omega}{\omega_1}} \qquad (13)$$

Où :

- ❖ ε_s : la permittivité statique.
- ❖ ε_∞ : la permittivité à fréquence infinie.
- ❖ ω_1 : la fréquence angulaire de relaxation de Debye.

Le comportement de la plupart des matériaux diélectriques n'obéit pas à l'expression de Debye. Le modèle qui fût sans doute le plus utilisé, du fait de sa simplicité, est celui proposé par les frères Cole en 1941 [15]. La permittivité complexe de ce modèle appelée équation de Cole-Cole est donnée par :

$$\varepsilon^*(\omega) = \varepsilon_\infty + \frac{\varepsilon_s - \varepsilon_\infty}{1 + (\frac{i\omega}{\omega_1})^{1-\alpha}} + \frac{\sigma_0}{i\varepsilon_0\omega} \qquad (14)$$

avec :

- σ_0 : la conductivité.
- ε_0 : la permittivité électrique du vide.

α : la distribution des temps de relaxation, c'est l'angle d'inclinaison ($\frac{\alpha\pi}{2}$) de l'arc circulaire par rapport à l'axe des réels dans le plan de permittivité complexe. Ce coefficient est compris entre 0 et 1, la valeur 0 correspond à la relaxation de Debye.

Les parties réelle et imaginaire de $\varepsilon^*(\omega)$ sont représentées par les expressions suivantes :

$$\varepsilon'(\omega) = \varepsilon_\infty + \frac{(\varepsilon_s - \varepsilon_\infty)[1 + (\frac{\omega}{\omega_1})^{1-\alpha} \cos(\frac{(1-\alpha)\pi}{2})]}{1 + 2(\frac{\omega}{\omega_1})^{1-\alpha} \cos(\frac{(1-\alpha)\pi}{2}) + (\frac{\omega}{\omega_1})^{2(1-\alpha)}} \qquad (15)$$

$$\varepsilon''(\omega) = \frac{(\varepsilon_s - \varepsilon_\infty)(\frac{\omega}{\omega_1})^{1-\alpha} \sin(\frac{(1-\alpha)\pi}{2})}{1 + 2(\frac{\omega}{\omega_1})^{1-\alpha} \cos(\frac{(1-\alpha)\pi}{2}) + (\frac{\omega}{\omega_1})^{2(1-\alpha)}} + \frac{\sigma_0}{\varepsilon_0\omega} \qquad (16)$$

L'équation (16) renferme deux termes. Le premier correspond à la polarisation thermique alors que le second est relié à la conduction électrique.

III. 3. 1. Etude de la partie réelle de la permittivité

La figure III.12 (a) et (b) représente respectivement la variation de la partie réel de la permittivité ε' en fonction de la fréquence et de la température du composé $AgAlP_2O_7$. On note les faits suivants :

- En régime isotherme, la valeur du constant diélectrique augmente lorsque la fréquence diminue, ceci est dû au fait dans les faibles champs, pour les basses fréquences, les dipôles s'alignent le long de la direction des champs et contribuent entièrement à la polarisation totale. Pour les hautes fréquences, la permittivité est généralement gouvernée par la polarisation électronique et ionique avec une faible contribution de la polarisation d'orientation.

- A une fréquence donnée, la partie réel ε' augmente avec l'augmentation de la température, ainsi une forte dispersion diélectrique à des températures supérieur à 600K. Aux basses températures l'orientation des dipôles moléculaires dans le matériel polaire deviennent de plus en plus difficile. Pour les hautes températures l'orientation de dipôles devient facile et cela s'explique par l'augmentation de la constante diélectrique.

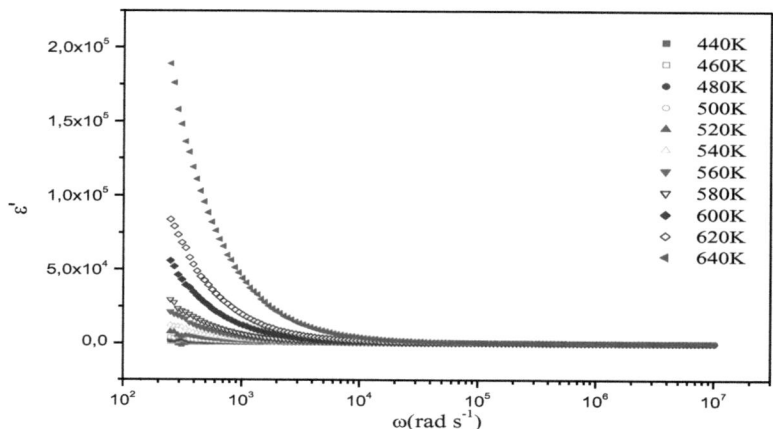

Figures III. 12 (a): Comportements fréquentiels de la partie réelle de la permittivité

Etude électrique, diélectrique et mécanisme de conduction | Chapitre III

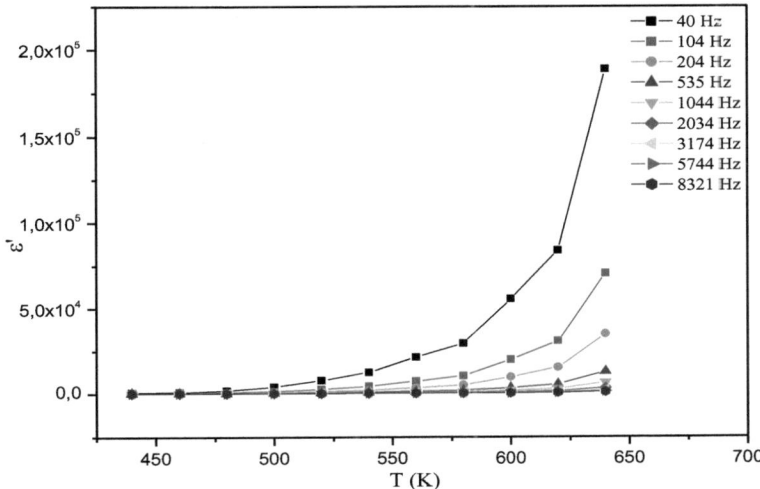

Figures III. 12 (b): Evolution thermique de la partie réelle de la permittivité

III. 1. 2. Etude de la partie imaginaire de la permittivité

La variation fréquentielle de la partie imaginaire ε'' à différentes températures est représentée sur la figure III. 13. La simulation de ces spectres a été réalisée à l'aide de l'équation (16) basée sur la méthode des moindres carrés. Un bon accord est observé entre les valeurs expérimentales et les courbes théorique.

Cette figure montre qu'aux basses fréquences les valeurs de ε'' sont très élevées. Ceci est dû à l'accumulation de charges libre à l'interface électrodes-électrolyte. Lorsque la fréquence augmente les spectres de ε'' décroit rapidement, ce qui explique la diminution de nombre des porteurs de charge libre dans le matériau. Pour les hautes fréquences, la permittivité tend vers des valeurs proches de zéro qui indiquent la diminution de la constante diélectrique du matériau.

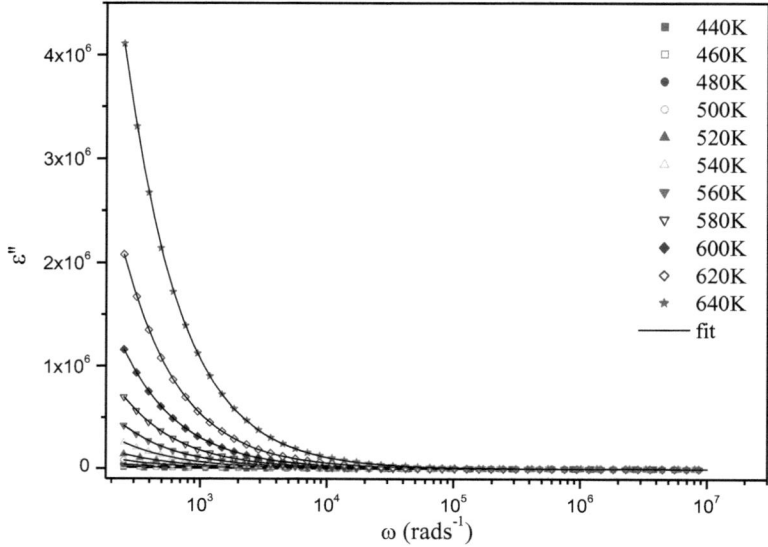

Figure III. 13: Evolution de la partie imaginaire de la permittivité ε'' en fonction de la température et la fréquence

Les paramètres d'ajustement correspondants au meilleur ajustement sont regroupés dans le tableau III. 2.

La variation logarithmique de la conductivité déduite de la convolution des données expérimentales en fonction de l'inverse de la température suit la loi d'Arrhenius (figure III. 14). Les énergies d'activation calculées est égale à 0.78 ev.

Tableau III. 2. Paramètres d'ajustement de l'équation de ε'' pour différentes températures

T(K)	$\Delta\varepsilon$	σ_0 $(\Omega\ cm)^{-1}$ 10^{-6}
440	51941	0,19
460	88729	0,41
480	169703	0,80
500	260202	1,58
520	404142	2,47
540	946780	4,93
560	2666478	7,61
580	3580079	14,00
600	5467860	17,90
620	8129162	31,80
640	12790741	45,40

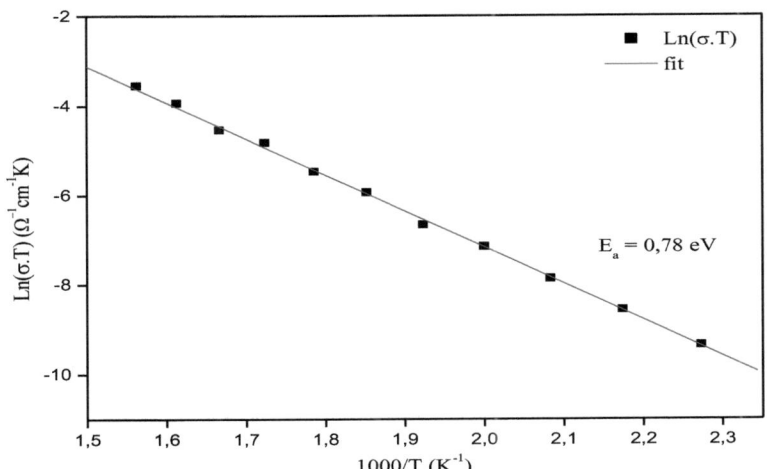

Figure III. 14: Variation de la conductivité en fonction de l'inverse de la température

III. 3. 3. Etude du facteur de pertes tan δ

La Figure III. 15 donne la variation fréquentielle du facteur de perte tan (δ) qui présente le rapport des parties imaginaire et réelle de la permittivité à différentes températures. Un pic est observé sur toute la gamme de température étudiée. Ce pic est positionné dans le même domaine de fréquence angulaire entre 10^3 et 10^5 rds s^{-1}. On observe que ces pics se décalent vers les hautes fréquences quand la température augmente. En outre, leurs amplitudes dépendent fortement de la température. Ces variations prouvent l'existence d'une relaxation diélectrique dans l'échantillon

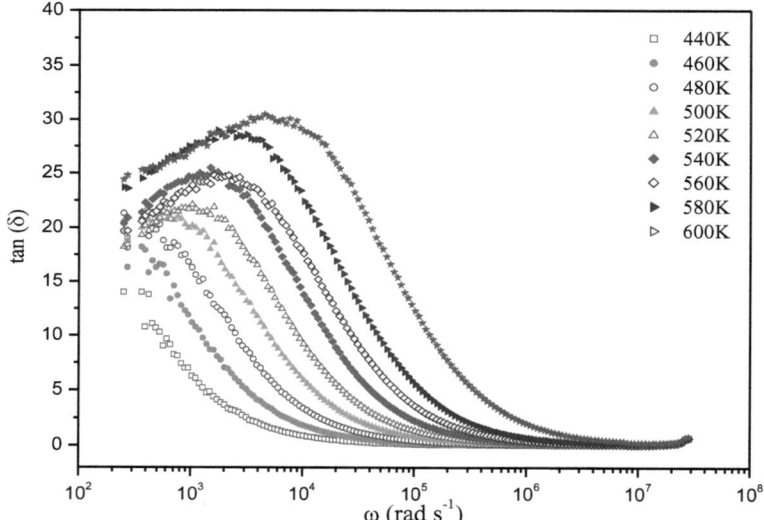

Figure III. 15: Variations de facteur de pertes tan δ en fonction de la fréquence angulaire.

Les courbes des facteurs de pertes tan (δ) normalisées sont présentées sur les Figures III. 16. Dans ce processus de normalisation, la facteur de pertes tan δ est normalisée par rapport à tan(δ)$_{max}$ et l'axe de fréquence est normalisé par la fréquence ω$_{max}$. On constate que les courbes normalisées se superposent en une courbe maîtresse. Ceci suggère que tous les porteurs de charges susceptibles de matériau sont significatifs d'un seul processus dynamique [16].

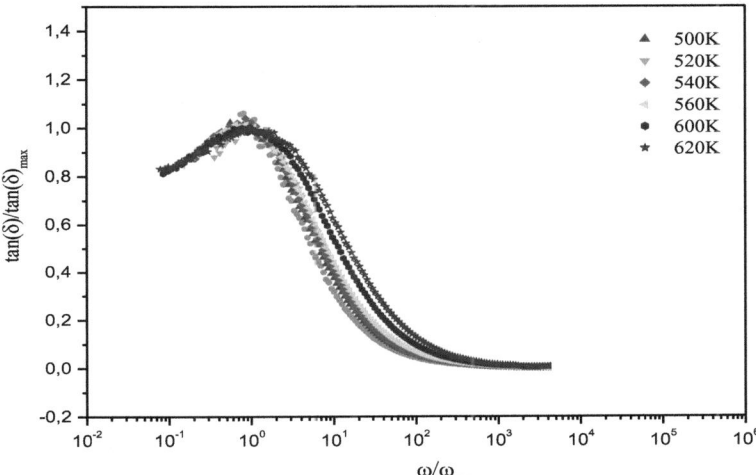

Figure III. 16: Variations des courbes (tan(δ) / tan(δ)$_{max}$) en fonction de ω/ω$_{max}$ pour différentes températures.

III. 3. 4. Étude du modulus complexe

Le modulus complexe, nous a permis de déterminer le temps de relaxation de la conductivité ainsi la fréquence de polarisation, a pour expression:

$$M^* = j\omega C_0 Z = M' + jM'' \qquad (17)$$

$$M^* = M_\infty [1 - \int_0^\infty e^{-j\omega t}(-\frac{d\varphi(t)}{dt})dt] \qquad (18)$$

Où M' et M'' représentent la partie réelle et imaginaire du modulus complexe, $M''_\infty = 1/\varepsilon_\infty$ est l'inverse de la constante diélectrique à hautes fréquences et φ(t) représente la fonction empirique de Kohlrausch-Williams-Watts (KWW) qui décrit le degré de déviation par rapport à la relaxation d'un seul porteur de charge dans le domaine du temps.

$$\varphi(t) = \exp(-(\frac{t}{\tau_{KWW}})^\beta) \qquad (19)$$

Le paramètre β (0< β<1) caractérise l'écart entre la fonction de relaxation électrique relative à un électrolyte solide réel et la fonction de relaxation de type Debye relative à un électrolyte solide idéal, et τ_{KWW} représente le temps de relaxation de la fonction KWW.

Les figures III. 17 représente la variation de M' en fonction de la fréquence angulaire à différentes températures. Aux faibles fréquences les valeurs de M' sont très faibles. Ce résultat montre que les effets des électrodes sont négligeables et peuvent être ignorés. Aux hautes fréquences les courbes de M' atteignent une valeur constante égale à M_∞ ($M_\infty = 1/\varepsilon_\infty$), qui est dû aux processus de relaxations.

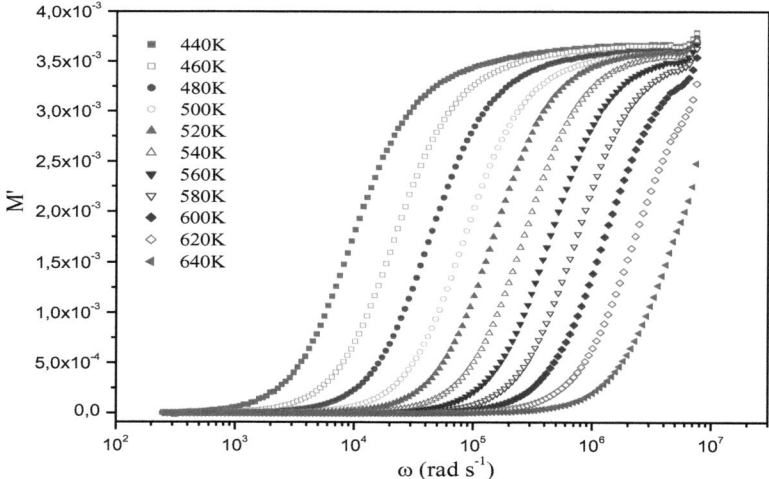

Figure III. 17: Variation de M'en fonction de la fréquence angulaire pour différentes températures

Le tracé de la variation de la partie imaginaire M" du modulus complexe en fonction de la fréquence est donné par la figure III. 18. On observe un pic asymétrique centré approximativement dans la région de la dispersion du M' qui est associé à des effets des grains. Lorsque la température augmente, le maximum de ces pics se déplace vers

Étude électrique, diélectrique et mécanisme de conduction | Chapitre III

les hautes fréquences. Le domaine de fréquence situé à gauche du pic représente le processus de conduction où les porteurs de charges (Ag^+) effectuent des mouvements à longue distance. Le domaine situé à droite du pic correspond aux processus de polarisation où ces ions mobiles sont confinés dans leurs puits de potentiel. Le domaine de fréquence, où le maximum du pic de relaxation est observé, traduit le passage du déplacement à courte distance au déplacement à longue distance des ions.

Afin de déterminer certains paramètres caractéristiques des porteurs de charge tels que leur énergie d'activation et leur fréquence de saut, des simulations numériques des spectres du modulus s'avèrent intéressants. Bergman [17] a proposé une fonction qui décrit la variation de la partie imaginaire du modulus M" dans le domaine fréquentiel :

$$M'' = \frac{M''_{max}}{[(1-\beta)+(\frac{\beta}{1+\beta})(\beta(\frac{\omega_{max}}{\omega})+(\frac{\omega}{\omega_{max}})^\beta)]} \quad (20)$$

Sur les Figures III. 8, on observe un bon accord entre les points expérimentaux et les courbes calculées pour chaque température.

La modélisation des courbes de relaxation ($M''=f(\omega)$) nous a permis également d'accéder à la fréquence de relaxation ω_{max} de chaque température ($\omega_{max}=1/\tau$) et donc à l'énergie d'activation du phénomène responsable de la relaxation. La variation thermique de cette fréquence (Figures III. 19) suit une loi de type Arrhenius avec une énergie d'activation égale à 0.72 ev

Etude électrique, diélectrique et mécanisme de conduction | Chapitre III

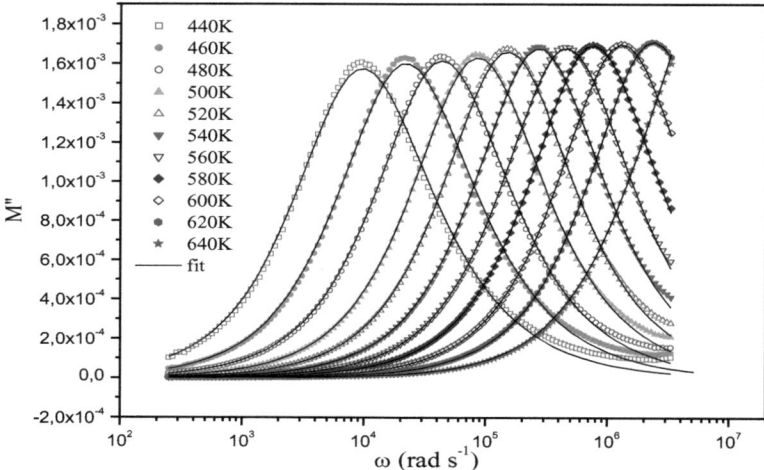

Figure III. 18: Les courbes en formes discontinue représentent la variation des valeurs expérimentales et celles en trait continue la variation théorique de M'' en fonction de la fréquence angulaire.

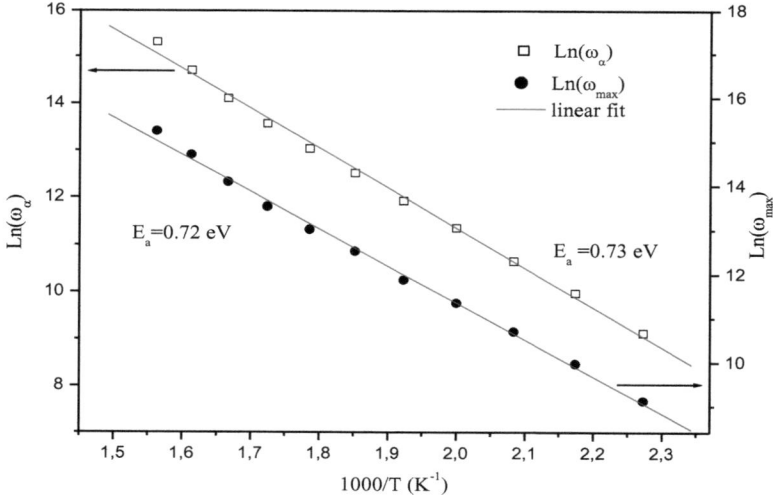

Figure III. 19: Variation de Ln (ω_{max}) et de Ln (ω_α) en fonction de l'inverse de température

La valeur du paramètre β est déterminé à partir de l'ajustement de M" en fonction de la fréquence. Rappelons par ailleurs que le paramètre β a longtemps été associé à une distribution de temps de relaxation, mais depuis quelques années, il a été utilisé en tant que terme de corrélation entre les mouvements de porteurs de charges [12, 13]. Le saut d'un ion ne peut pas être considéré comme un événement isolé, il en résulte un mouvement des autres porteurs qui est temporellement dépendant du premier. La valeur de β devient d'autant plus petite que la coopérativité entre les ions mobiles se développe. Pour la composé $AgAlP_2O_7$, le paramètre β varie faiblement avec la température (0,61<β<0,63), montre l'existence d'un faible effet coopératif entre les porteurs de charges.

La figure III. 20 montre la variation de la partie imaginaire M" en fonction de la partie réelle M' du modulus complexe à différentes températures. Nous remarquons l'apparition d'un demi-cercle attribué aux grains. La bien superposition des courbes à différentes températures confirme que le paramètre β est indépendant de la température.

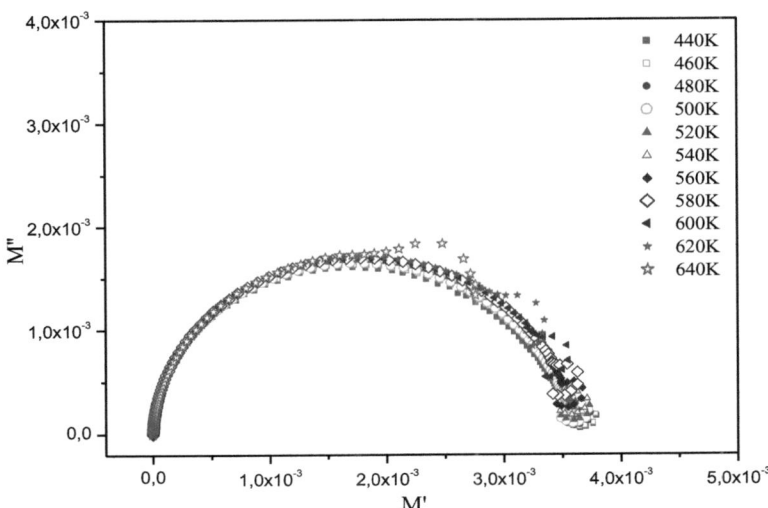

Figure III. 20: Variation de M" en fonction de M' à différentes températures.

III. 3. 5. Etude de la polarisabilité complexe α*

Un autre formalisme basé sur la polarisabilité complexe α* a été proposé pour étudier les phénomènes de relaxations diélectriques [14]. Il est intéressant de l'utiliser car ce formalisme accentue les phénomènes de relaxations diélectriques à hautes fréquences et permet dans certains cas de révéler d'autres. La polarisabilité complexe α* est définie par l'équation :

$$\alpha^*(\omega) = \frac{\varepsilon^*-1}{\varepsilon^*+2} = \alpha'(\omega) - j\alpha''(\omega) \qquad (21)$$

où α' et α sont respectivement la partie réelle et imaginaire de la polarisabilité définies par :

$$\alpha' = \frac{(\varepsilon'-1)(\varepsilon'+2)+\varepsilon''^2}{(\varepsilon'+2)^2+\varepsilon''^2} \qquad (22)$$

$$\alpha'' = \frac{3\varepsilon''}{(\varepsilon'+2)^2+\varepsilon''^2} \qquad (23)$$

La figure III. 21 représente la variation de la partie imaginaire de la polarisabilité en fonction de la fréquence angulaire à différentes températures. Elle apparaît sous forme de pics de relaxations asymétriques dont les maximas se déplacent vers les hautes fréquences lorsque la température croit. Chaque pic est caractérisé par sa fréquence de relaxation ω_α.

La variation logarithmique de fréquence de relaxations relatifs à la polarisabilité (ω_α) en fonction de l'inverse de la température est représentée sur la figure III. 9. La variation thermique suit une loi de type Arrhénius. L énergies d'activation calculée est égale à 0.73 eV

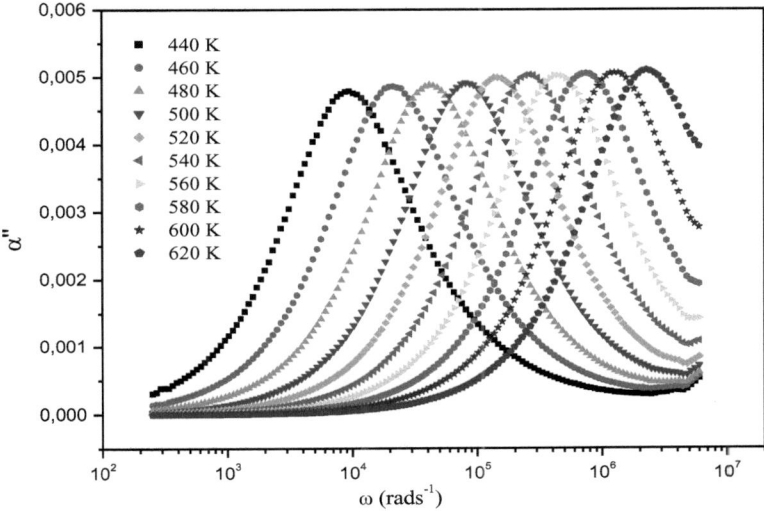

Figure III. 21: Evolution de la partie imaginaire α″ de la polarisabilité en fonction de la fréquence angulaire

Conclusions

La caractérisation par diffraction des rayons X sur poudre à la température ambiante montre que le composé $AgAlP_2O_7$ cristallise dans le système monoclinique avec le groupe d'espace $P2_{1/C}$.

Les propriétés électriques et diélectriques dans le composé $AgAlP_2O_7$ ont été étudiées par spectroscopie d'impédance complexe. Les énergies d'activation, déterminées à partir de la conductivité (E_a = 0.76eV) et de modulus complexes (E_a = 0.72 eV) sont différentes. Cela indique que la conduction dans ce composé n'est pas prévue par le modèle de saut classique. La valeur de s déterminée à partir de l'ajustement des courbes de $\sigma_{ac}(\omega)$, décroît lorsque la température augmente, montre que le modèle CBH peut être le modèle le plus approprié pour caractériser le mécanisme de conduction dans ce matériau.

Références bibliographiques

[1] J.Laugier and B.Bochu; Programme d'affinement des paramètres de maille à partir d'un Diagramme de poudre ; Laboratoire des matériaux et du Génie physique, Ecole Nationale Supérieure de Physique de Grenoble.

[2] B. Behera, P. Nayak, R.N.P. Choudhary, J. Alloys Compd. 436 (2007) 226.

[3] M. Ram. Solid. Stat. Scienc. 12 (2010) 350.

[4] A. R. Long, Advances in Physics. 31 (1982) 553.

[5] M. D. Ingram, Phys. Chem. Glasses. 28 (1987) 215.

[6] N. F. Mott, E. A. Davis, "Electronic processes in Non-crystalline Materials" 2nd edn, Oxford: Clarendon. p 225 (1979).

[7] A. Ghosh, Phys Rev B. 41 (1990) 1479.

[8] M. F. Kotkata, F. A Abdel-Wahab, H. M. Maksoud, J Phys D Appl Phys. 39 (2006) 2059.

[9] S. R. Elliot, Philos Mag. 36 (1977) 1291.

[10] G. E. Pike. Phys Rev B. 6 (1972) 1572.

[11] B. K. Chaudhuri, J. K. Chaudhuria, K. K. Som, J Phys Chem Solids. 50 (1989) 1149.

[12] K.H. Mahmoud, F.M. Abdel-Rahim, K. Atef, Y.B. Saddeek, Curr. Appl. Phys. 11 (2011) 55.

[13] I. A. Niel, Proc. SPIE. 237 (1980) 422.

[14] B. Louati, K. Guidara, et M. Gargouri, physica status solidi. 241 (2004) 1994.

[15] K. S. Cole, R H. Cole, J.Chem.Phys. 9 (1941) 341.

[16] A. Pan, A. Ghosh, Phys. Rev. B. 66 (2002) 12301

[17] K. Karoui, A. Ben Rhaim, K. Guidara. Physica B. 407 (2012) 489.

CHAPITRE IV :

Caractérisation par UV-visible et étude électrique du composés $Na_{(1-x)}Ag_xAlP_2O_7$

(x=0,4; x=0,6; x=0,8)

Introduction

Les propriétés de conduction des ions dans les grains et les joints de grains des composés $NaAlP_2O_7$ et $AgAlP_2O_7$ ont été déterminées dans le chapitre II et III. Il a été montré que le composé $AgAlP_2O_7$ est plus conducteur que le composé $NaAlP_2O_7$. Dans ce chapitre, la substitution à diverses taux (40 %, 60 % et 80%) du sodium par l'argent, dans le composé parent $NaAlP_2O_7$ sera testée. L'influence de ces substitutions partielles sur les propriétés de la conduction ionique sera étudiée.

I. Diffraction des rayons X

Les composes $Na_{0,6}Ag_{0,4}AlP_2O_7$, $Na_{0,4}Ag_{0,6}AlP_2O_7$ et $Na_{0,2}Ag_{0,8}AlP_2O_7$ sont caractérisées par diffraction des rayons X afin d'identifier la nature des phases obtenus, de s'assurer de la pureté et déterminer les paramètres structurales. L'enregistrement des diffractogrammes DRX pour nos échantillonsont été réalisés à la température ambiante à l'aide d'un diffractomètre Philips en utilisant la raie K_α (λ=1,5418 Å) d'un anticathode de cuivre.

L'analyse de ces diffractogrammes (figure. VI. 1) a révélé l'existence d'une phase unique dans chaque composition. L'indexation des différentes raies a été réalisée au moyen du programme Celref 3 qui est basé sur la méthode de moindre carré. L'affinement a été résolu en se basant sur la résolution structurale des composés mères. Après plusieurs optimisations, pour les trois diffractogrammes toutes les raies s'indexent dans le système monoclinique (groupe d'espace $P2_{1/C}$) dont les paramètres affinés sont regroupés dans le tableau IV. 1.

Tableau IV. 1 : Paramètres de maille de différentes compositions.

Composition	a (Å)	b (Å)	c (Å)	β (°)	V (Å³)
$NaAlP_2O_7$	7,197	7,707	9,295	111,701	479,027
$Na_{0,6}Ag_{0,4}AlP_2O_7$	7,203	7,710	9,326	111,713	481,172
$Na_{0,4}Ag_{0,6}AlP_2O_7$	7,280	7,809	9,399	111,727	496,368
$Na_{0,2}Ag_{0,8}AlP_2O_7$	7,319	7,878	9,421	111,785	504,411
$AgAlP_2O_7$	7,332	7,904	9,513	111,830	511,765

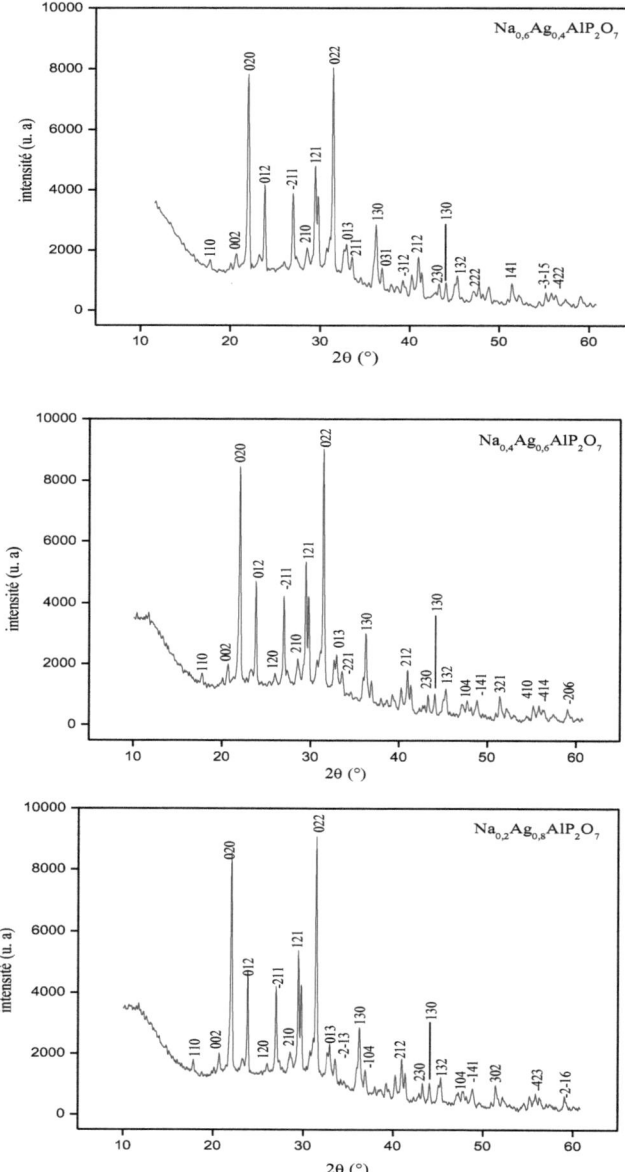

Figure IV. 1: Diagrammes de diffraction du rayon X des différentes compositions $Na_{1-x}Ag_xAlP_2O_7$.

On observe sur le Tableau IV. 1 que tous les paramètres évoluent de manière continue avec la composition. L'augmentation des paramètres cristallins et du volume de la maille peut être interprétée par le fait que le rayon de cation Ag^+ est supérieur que celui du Na^+. Cette variation en fonction de taux de substitution peut influencer sur les propriétés électriques et diélectriques du matériau.

II. Spectroscopie d'absorption UV-Visible

L'absorption optique (mesure de spectres de réflexion diffuse) est une technique de caractérisation des échantillons sous forme de poudre qui donne, après transformation, la valeur du gap.

II. 1. Mesure

Les spectres de réflectance UV-visible des échantillons ont été enregistrés avec un spectrophotomètre de marque T90+ (Figure IV. 2). Les mesures de réflectance ont été faites dans la gamme de longueur d'onde entre 200 - 700 nm. Le facteur de réflexion mesuré a été normalisé. Les données d'absorption (K/S) ont été calculées à partir des spectres de réflectance en utilisant la fonction de Kubelka-Munk [1].

$$\frac{K}{S} = \frac{(1-R)^2}{2R}$$

K la fraction du flux lumineux qui est absorbée (coefficient d'absorption) et S la fraction du flux qui est diffusée (coefficient de diffusion).

L'intensité de la lumière I qui est réfléchie par l'échantillon est comparée à l'intensité de la lumière incidente I_0 et donne un rapport I/I_0 appelé le facteur de réflectance et se mesure généralement en pourcentage. La théorie de Kubelka Munk, permet de relier la réflectance R par la grandeur K/S. La longueur d'onde est convertie en énergie par la formule: $E(eV) = \frac{1,2398.10^3}{\lambda}$

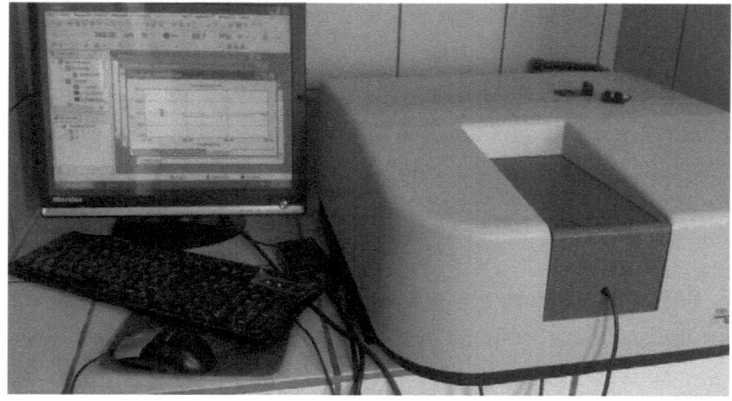

Figure IV. 2: spectrophotomètre de marque T90+

II. 2. Analyse des spectres

Selon Fosch [2] et Christie [3], l'apparition de la croissance linéaire de la reflectance peut être considérée comme une mesure du gap d'énergie E_g.

La variation du rapport K/S en fonction de la longueur d'onde λ des photons incidents pour le deux composés $Na_{0.4}Ag_{0.6}AlP_2O_7$ et $Na_{0.2}Ag_{0.8}AlP_2O_7$ sont représenté sur la figure IV. 3.

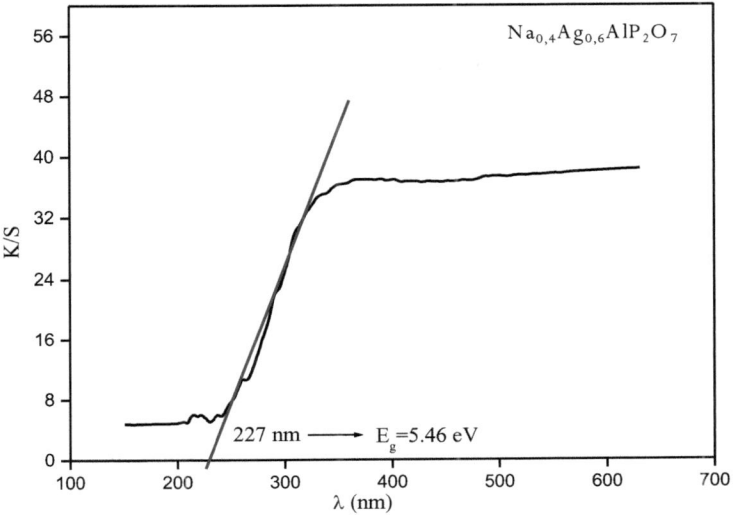

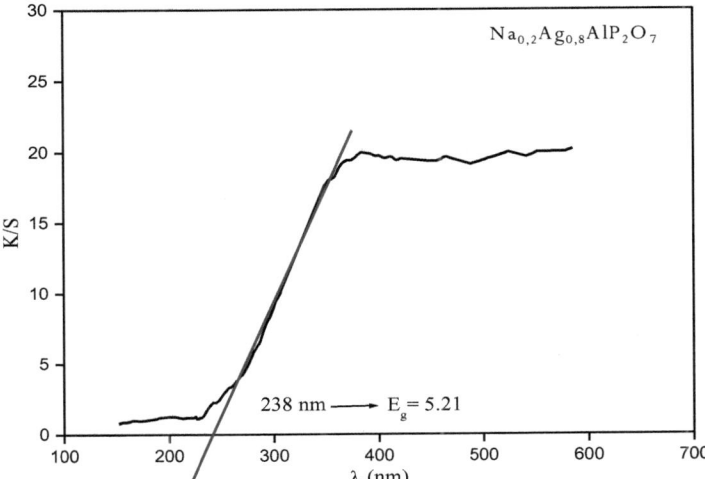

Figure IV. 3 Spectres de réflectance des composés $Na_{0.4}Ag_{0.6}AlP_2O_7$ et $Na_{0.2}Ag_{0.8}AlP_2O_7$

Nous remarquons que l'énergie de gap E_g du composé $Na_{0.4}Ag_{0.6}AlP_2O_7$ est plus grande que celles du composé $Na_{0.2}Ag_{0.8}AlP_2O_7$. Une comparaison avec l'étude électrique sera effectuée dans la deuxième partie de ce chapitre.

III. Spectroscopie d'impédance complexe

III. 1. Conditions expérimentales

Les mesures par spectroscopie d'impédance complexe ont été effectuées à l'aide d'un pont d'impédance « Tegam 3550 » sur une gamme de fréquences de 200Hz à 5MHz pour différentes températures.

Pour effectuer les mesures, les échantillons sont préparés sous formes des pastilles, de 8 mm de diamètre et d'environ 1,2 mm d'épaisseur. L'échantillon est inséré entre deux électrodes, reliées par des fils blindés à la cellule de mesure. Ensuite ont introduite la cellule dans un four électrique. Les résultats des mesures sont donnés par la représentation de la partie imaginaire de l'impédance complexe en fonction de la partie réelle, $Z''=f(Z')$.

III. 2. Diagramme de Nyquist et modélisation

La spectroscopie d'impédance complexe est une technique très utilisée pour la détermination des caractéristique électrique du matériau à l'aide de la modélisation. La représentation de l'impédance dans le plan de Nyquist est si riche en information qu'une analyse pertinente est exigée afin d'explorer les paramètres caractéristique du matériau ainsi que le type de conduction via un modèle électrique judicieusement choisi. A partir des données expérimentales, nous avons pu calculer les parties réelle et imaginaire Z' et Z'' de l'impédance complexe.

Le figure. IV. 4 représente les diagrammes de Nyquist obtenus pour différentes températures. Ces courbes montre un seul demi-cercle dans le domaine de fréquence étudié indiquant la présence d'un seul mécanisme pour la conduction électrique dans les échantillons. L'apparition d'une ligne droite inclinée aux basses fréquences traduisant les phénomènes de diffusion des ions (Na^+/Ag^+) à l'interface électrode-électrolyte. Les rayons de ces demi-cercles diminuent avec l'augmentation de la température, ce qui traduit la diminution de la valeur de la résistance du matériau avec l'augmentation de la température. Autrement dit, les courbes de Z''=f(Z') montrent l'évolution thermique de la conductivité.

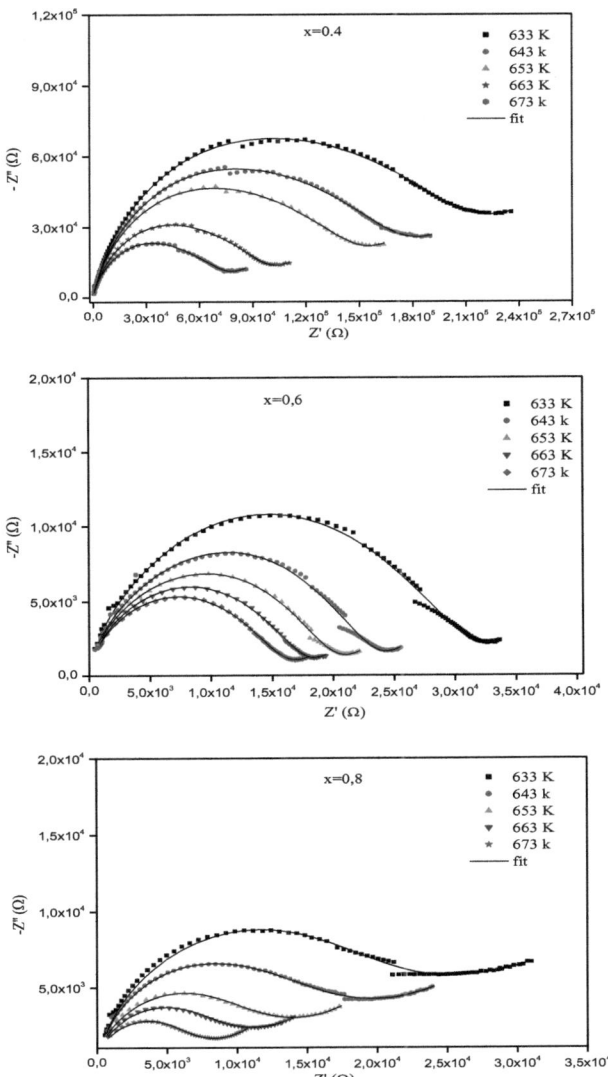

Figure IV. 4: Spectres d'impédances complexes des composés $Na_{1-x}Ag_xAlP_2O_7$ (x=0,4; x=0,6 et x= 0,8) à différentes températures.

La figure IV. 5 présente la variation de -Z" en fonction de Z' à différent composition pour T=673 K. Toute augmentation de taux de substitution en argent est accompagnée d'une diminution de la résistance. Il est clair, que la substitution a un effet important sur la conductivité.

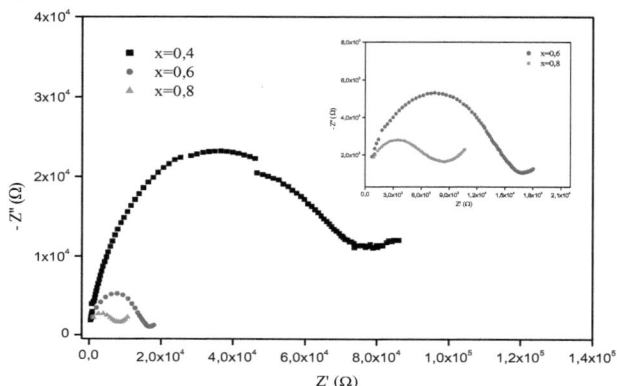

Figure IV. 5: Diagrammes d'impédances complexes à différent composition.

Pour interpréter le diagramme d'impédance, il est nécessaire de modéliser l'échantillon par un circuit électrique équivalent.

En utilisant le logiciel Z-View, nous avons trouvé le circuit la plus approprié formé par une seule cellule constituée par une combinaison (R_g//C//CPE) en série avec CPE_{ee} (Constant Phase Element) comme montré sur la figure IV. 6.

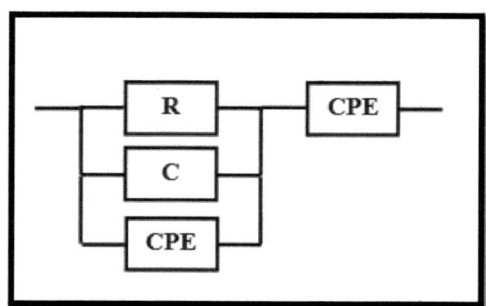

Figure IV. 6: représentation du circuit équivalent

Les paramètres extraits du circuit électrique équivalent sont:
- Une résistance R qui décrit la résistance électrique du matériau.
- Une capacité C son impédance s'écrit sous la forme: $Z_c = \dfrac{1}{j\omega C}$
- Une capacité fractale CPE est utilisé au lieu d'une capacité pur pour rendre compte du décentrage lié à l'inhomogénéité électrique du matériau, son impédance est donnée par: $Z_{CPE} = \dfrac{1}{[Q(j\omega)^\alpha]}$

Ainsi les expressions des parties réelles et imaginaires de l'impédance complexe du circuit équivalent proposé sont les suivants:

$$Z' = \dfrac{\left(\dfrac{1}{R}\right)+Q\omega^\alpha \cos\left(\dfrac{\alpha\pi}{2}\right)}{\left(\left(\dfrac{1}{R}\right)+Q\omega^\alpha \cos\left(\dfrac{\alpha\pi}{2}\right)\right)^2+\left(C\omega+Q\omega^\alpha \sin\left(\dfrac{\alpha\pi}{2}\right)\right)^2} + \dfrac{\cos\left(\dfrac{\alpha\pi}{2}\right)}{Q\omega^\alpha} \quad (1)$$

$$-Z'' = \dfrac{C\omega+Q\omega^\alpha \sin\left(\dfrac{\alpha\pi}{2}\right)}{\left(\left(\dfrac{1}{R}\right)+Q\omega^\alpha \cos\left(\dfrac{\alpha\pi}{2}\right)\right)^2+\left(C\omega+Q\omega^\alpha \sin\left(\dfrac{\alpha\pi}{2}\right)\right)^2} + \dfrac{\sin\left(\dfrac{\alpha\pi}{2}\right)}{Q\omega^\alpha} \quad (2)$$

En se basant sur les équations 1 et 2 nous avons calculés les valeurs de Z' et -Z". Le bon accord entre les résultats expérimentaux et les valeurs calculées indiqués sur la figure IV. 7 montre que le circuit équivalent adopté décrit bien le comportement électrique pour les matériaux étudiés.

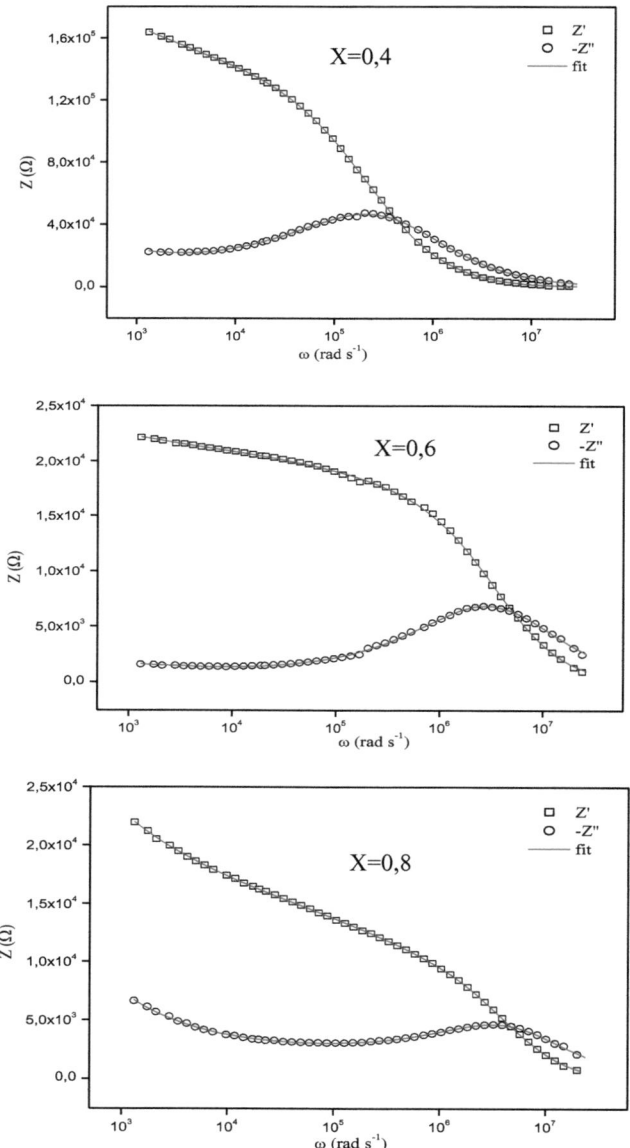

Figure IV. 7: Variations de Z' et -Z'' en fonction de la fréquence des composés $Na_{1-x}Ag_xAlP_2O_7$ la température T=653K.

III. 3. Modulus complexe

Les courbes représentant la variation de la partie imaginaire du modulus M" en fonction de la fréquence angulaire pour différentes températures des différents composés sont rapportées sur la figure IV. 8. Au faible fréquences les valeurs de M" sont très faibles. Ce résultat montre que les effets des électrodes sont négligeables. Le partie imaginaire M" augmente avec les fréquences jusqu'à attendre un maximum ($\omega\tau=1$) puis elle démunie de nouveau. Les maximums des pics se déplacent vers les hautes fréquences en augmentant la température. Cette variation indique la présence d'un phénomène de relaxation dans ces composés.

Le domaine de fréquence situé à gauche du pic représente le processus de conduction où les porteurs de charges (Ag^+/Na^+) effectuent des mouvements à longue distance. Le domaine situé à droite du pic correspond aux processus de polarisation où ces ions mobiles sont confinés dans leurs puits de potentiel. Le domaine de fréquence, où le maximum du pic de relaxation est observé, traduit le passage du déplacement à courte distance au déplacement à longue distance des ions.

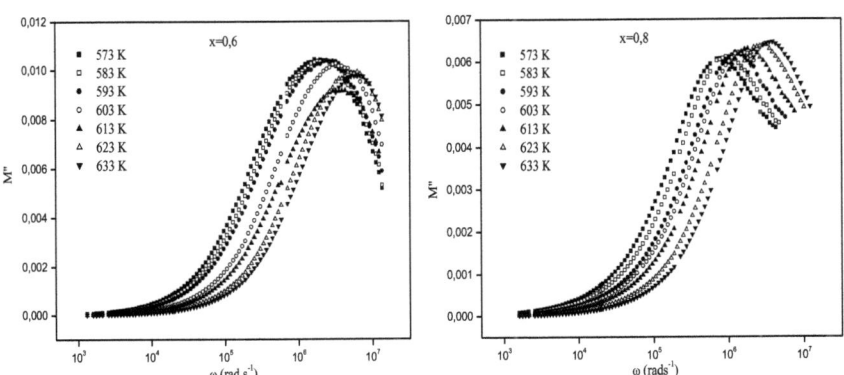

Figure IV. 8: Variations de M" en fonction de la fréquence à différentes températures pour x=0,6 et x=0,8.

III. 3. Etude de la conductivité

La figure IV. 9 présente la variation de la conductivité σ_{ac} en fonction de la fréquence à différentes températures pour les échantillons étudiés. Sur chaque une de ces spectres, on remarque qu'il existe deux types de comportements qui sont mis en évidence. Le premier comportement, sous forme d'un plateau, correspond à la conductivité en courant continue ($\sigma = \sigma_{dc}$) qui s'étend sur une certaine gamme de fréquences dépendante de la température. La valeur de σ_{dc} croit avec l'augmentation de la température ce qui montre que le processus de conduction est thermiquement activé. Au-delà de ce plateau, un deuxième comportement est caractérisé par un changement de pente de la conductivité, correspond à $A\omega^s$ ou A et s sont deux constante à une température donnée. Le paramètre s est positif mesure le degré d'interaction entre les ions mobiles et leurs environnement [5]. La fréquence à la quelle il y a changement de pente s'appelle "fréquence de saut".

Le phénomène de la dispersion de la conductivité est généralement analysé en utilisant la loi de Joncher [4]:

$$\sigma_{ac}(\omega) = \sigma_{dc} + A\omega^s \qquad (3)$$

La modélisation des courbes expérimentales en utilisant l'équation (3) montre un bon accord entre les courbes théoriques (lignes continues) et les courbes expérimentales des matériaux étudiés.

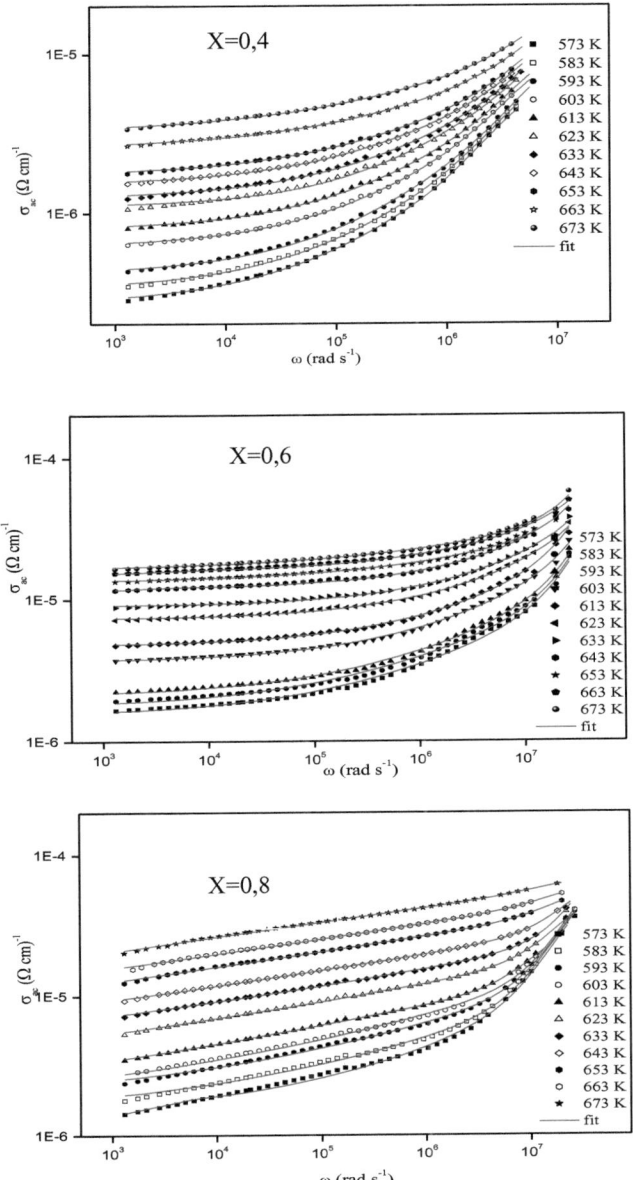

Figure IV. 9: Variations de σ_{ac} en fonction de la fréquence à différentes températures pour x=0,4; x=0,6 et x=0,8.

D'après les chapitres II et III le composé NaAlP$_2$O$_7$ est moins conducteur que le composé AgAlP$_2$O$_7$. Une substitution partielle du sodium par de l'argent est donc théoriquement susceptible d'augmenter la conductivité ionique. Afin de suivre l'influence de la substitution sur la conductivité ionique, il est donc intéressant de comparer les valeurs de conductivité des trois composés Na$_{0.6}$Ag$_{0.4}$AlP$_2$O$_7$, Na$_{0.4}$Ag$_{0.6}$AlP$_2$O$_7$ et Na$_{0.2}$Ag$_{0.8}$AlP$_2$O$_7$. La figure IV. 10 présente les courbes d'Arrhenius des conductivités des ions obtenues pour différents taux de substitution. Il est clair, que la substitution a un effet important sur la conductivité.

La Figure IV. 11 présente la variation de la conductivité σ_{dc} à 583K de l'ensemble des compositions en fonction de x. On remarque que la conductivité évolue avec l'augmentation de x, plus la substitution de l'argent est important, plus la conductivité est grande.

La substitution partielle du sodium par l'argent se traduit par une augmentation de la conductivité, ce qui est en accord avec le résultat attendu.

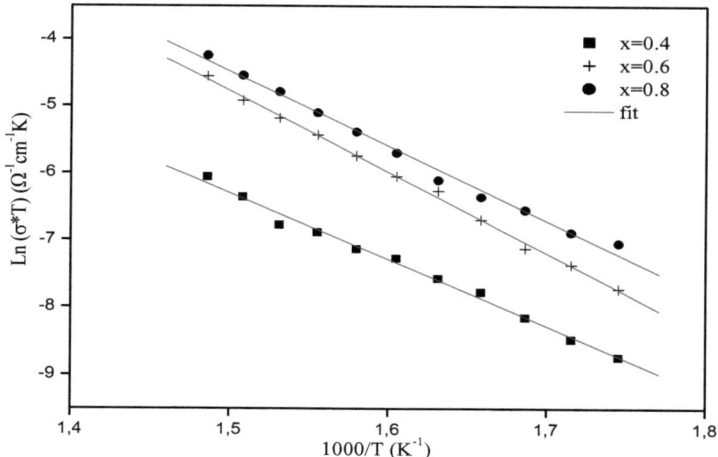

Figures IV. 10: Variations thermiques de Ln (σT)=10^3/T

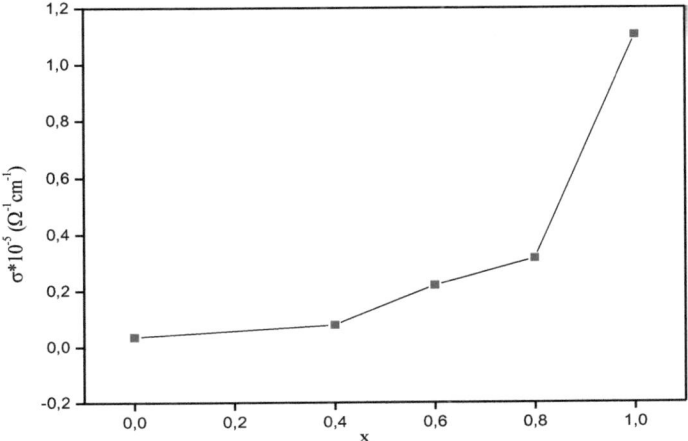

Figures IV. 11: Variations de la conductivité σ_{dc} avec la composition à T=583K

Les valeurs de l'énergie d'activation à différents taux de substitution d'argent sont regroupées dans le tableau IV. 2. On peut remarquer que les énergies d'activation des compositions mixtes (x=0,4; x=0,6 et x=0,8) sont plus moins que celle de composé parent $NaAlP_2O_7$ et plus grand que celle de composé $AgAlP_2O_7$. Il est tout à fait normal que les énergies d'activation diminuent avec le taux de substitution, parce que plus la substitution en argent important, plus la conductivité grande.

Tableau IV. 2: Les énergies d'activation pour différents compositions.

	X=0	X=0,4	X=0,6	X=0,8	X=1
E_a (eV)	0,95	0,93	0,9	0,85	0,76

III. 5. Modèles de conduction
III. 5. 1. Modèle de conduction des composés $Na_{0.6}Ag_{0.4}AlP_2O_7$ et $Na_{0.6}Ag_{0.4}AlP_2O_7$

L'analyse bibliographique montre que l'évolution thermique du paramètre (s) permet de décrire d'une part le mécanisme de conduction et d'autre part la nature des porteurs de charges. Quatre modèles ont été proposés :

- Quantum mechanical tunneling (QMT)
- Correlated barrier hopping (CBH)
- Overlapping large-polaron tunneling (OLPT)
- Non-overlapping small-polaron tunneling (NSPT)

Pour le deux composés la valeur s (T) déterminée à partir de l'ajustement des courbes de σ_{ac} (ω), augmente avec la température (figure. IV. 12 et figure. IV. 13). Ce comportement peut être décrit par un modèle de type NSPT (conduction par tunnel de petit polaron). Ce modèle a été vérifié expérimentalement dans plusieurs matériaux. Dans le modèle NSPT, s(T) est donnée par l'expression [6] :

$$s(T) = 1 - \frac{4}{\text{Ln}\left(\frac{1}{\omega \tau_0}\right) - \frac{W_H}{k_B T}} \quad (4)$$

Où τ_0 est le temps caractéristique de relaxation de l'ordre de 10^{-13} s, W_H l'énergie de polaron, k_B la constante de Boltzmann et T la température absolue.

Le temps de relaxation associé au processus de formation du polaron est donné par :

$$\tau = \tau_0 \exp\left(\frac{W_H}{k_B T}\right) \quad (5)$$

Les valeurs de l'énergie de polaron W_H de deux composés, pour chaque température sont regroupée dans le tableau VI. 3. W_H diminue avec l'augmentation de la température, ce qui indique que la conductivité dans les deux composés est thermiquement activée, ce qui conduit à une augmentation du degré de chevauchement des puits de potentiel de Coulomb des sites considérés.

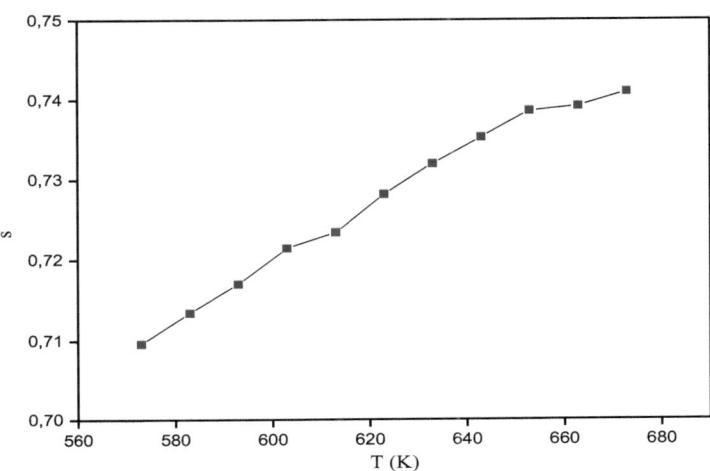

Figure IV. 12: Variation de s en fonction de la température

de composé $Na_{0,6}Ag_{0,4}AlP_2O_7$

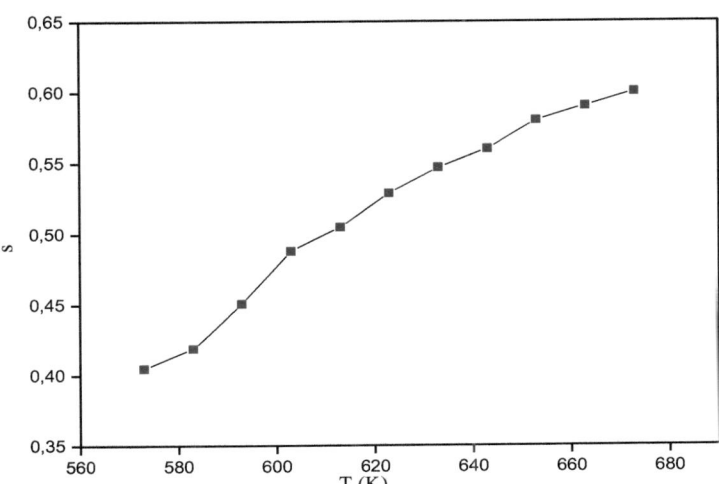

Figure IV. 13: Variation de s en fonction de la température

de composé $Na_{0,4}Ag_{0,6}AlP_2O_7$

Tableau IV. 3: Les valeurs de W_H à différents températures.

	X=0,4	X=0,6
T (K)	W_H (eV)	W_H (eV)
573	0,793	0,721
583	0,792	0,727
593	0,79	0,720
603	0,776	0,706
613	0,774	0,705
623	0,762	0,695
633	0,757	0,690
643	0,753	0,677
653	0,749	0,771

III. 5. 2. Modèle de conduction du composé $Na_{0.2}Ag_{0.8}AlP_2O_7$

La valeur s (T) diminue avec l'augmentation de la température (figure IV. 14). Ce comportement peut être décrit par un modèle de type CBH.

Le modèle (CBH) est proposé par Elliot [7], ce modèle consiste à des sauts des porteurs de charges au dessus d'une barrière de potentiel séparant deux sites d'une distance R_ω, la hauteur de la barrière de potentiel, est réduite par l'attraction Coulombienne, pour passer d'un puits à un autre.

Selon CBH, la variation de "s" en fonction de la température est donnée par l'équation

$$s = 1 - \frac{6k_B T}{W_M - k_B T \mathrm{Ln}(1/\omega \tau_0)} \qquad (6)$$

W_M : la hauteur maximale de la barrière, elle est aussi associée à la profondeur du piège des sites localisés [8]

τ_0 : est une caractéristique du temps de relaxation, elle est de l'ordre d'une période de vibration d'un atome ($\tau_0 = 10^{-13}$ s).

Pour les grandes valeurs de $W_M/K_B T$, s(T) est proche de l'unité, on peut donc remplacer en première approximation, l'équation (6) par l'équation (7) [9] :

$$s = 1 - \frac{6K_B T}{W_M} \quad (7)$$

Les valeurs de W_M peuvent être calculées à partir de l'équation (5) en utilisant les valeurs de s(T) déterminées à partir de la fit de σ_{ac}.

Les valeurs de W_M calculées aux différentes températures sont regroupées dans le tableau IV. 5. On remarque que les valeurs de W_M diminuent lorsque la température augmente.

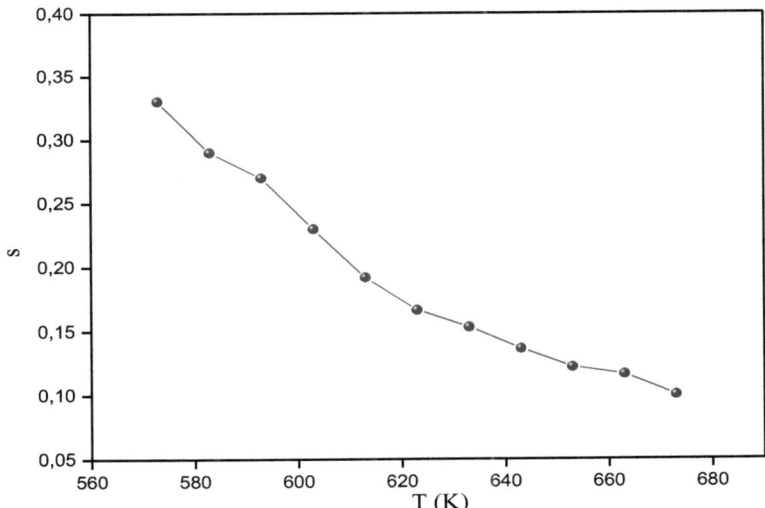

Figure IV. 14: Variation de s en fonction de la température pour le composé $Na_{0.2}Ag_{0.8}AlP_2O_7$

Tableau IV. 5: Les valeurs de W_M à différents températures.

T (K)	W_M (eV)
573	0,442
583	0,424
593	0,420
603	0,404
623	0,389
633	0,386
643	0,385
653	0,384
663	0,383

Conclusions

L'objectif de ce chapitre était l'étude des propriétés de la conductivité ionique des nouvelles compositions $Na_{(1-x)}Ag_xAlP_2O_7$.

Les paramètres électriques de conductivité de chaque composition ont été déterminés par spectroscopie d'impédance, leur évolution en fonction de la composition nous a permis de montrer que, quel que soit le taux en sodium ou en argent, le nombre d'ions monovalent influe de manière très déterminante sur les propriétés de conductivité ionique de ces compositions.

Références bibliographiques

[1] P. Kubelka, F. Munk, Zeitschrift für technische Physik 12 (1931) 593.

[2] P. D. Fosch, Proc. Phys. Soc. B 69 (1965) 70.

[3] E. A. Christie, Int. Solar Energy Conf., Melbourne, paper 7/81 (1970)

[4] R. Balaji Rao, R. A. Gerhardt, N. Veeraiah, J. Physics and Chemistry of Solids. 69 (2008) 2813.

[5] Y. Ben Taher, R. Hajji, A Oueslati, M. Gargouri, J Clust Sci. 3 (2014)812

[6] Y. Ben taher, A. Oueslati, M. Gargouri Ionics. 21(2015) 1321

[7] S. R. Elliott, Philosophical Magazine. 36 (1977) 1291.

[8] B. K. Chaudhuri, J. K. Chaudhuria, K. K. Som, J Phys Chem Solids. 50 (1989) 1149.

[9] K.H. Mahmoud, F.M. Abdel-Rahim, K. Atef, Y.B. Saddeek, Curr. Appl. Phys. 11 (2011) 55.

CONCLUSIONS GÉNÉRALES

Conclusion générale

Les résultats présentés dans ce livre s'inscrivent dans le cadre d'une étude consacrée à la recherche des propriétés électriques et diélectriques des composés diphosphates à base d'aluminium de formule $M^{I}AlP_2O_7$ avec M est un cation monovalent (M=Na, Ag) et une série des composés substitués appartenant à la famille $Na_{1-x}Ag_xAlP_2O_7$ avec (x=0,4 ; x=0,6 et x=0,8). Ces composés ont été synthétisés sous forme de poudre par réaction chimique à l'état solide.

Diverses techniques d'analyses (diffraction des rayons X sur poudre, spectroscopie vibrationnelle IR et Raman, spectroscopie RMN et spectroscopie d'impédances complexes) ont été utilisés pour la caractérisation des échantillons sous forme de poudre.

L'étude par diffraction des rayons X sur poudre a montré que ces composés cristallisent dans le système monoclinique (groupe d'espace $P2_{1/C}$). L'analyse par spectroscopie vibrationnelle confirme bien l'existence du groupement P_2O_7.

L'analyse par spectroscopie RMN de solide de ^{31}P à été effectuée. La décomposition de la bande de signal obtenue à permis d'identifier l'environnement du phosphore.

L'étude par spectroscopie d'impédance complexe du composé $NaAlP_2O_7$ a permis de proposer un circuit électrique équivalent formé par (R//C) en série avec (R//CPE).

La variation thermique de la conductivité des grains calculée à partir du circuit électrique équivalent décrite par la loi d'Arrhenius avec une énergie d'activation égale à 0,95 eV.

La modélisation de la variation du modulus complexe en fonction de la fréquence pour différentes températures, en utilisant la fonction de Havriliak–Negami, montre que les valeurs du coefficient de Kohlrausch-Williams-Watts (β) sont indépendantes de la température.

L'énergie d'activation déterminée à partir de modulus complexe est comparable à celle trouvée par la conductivité. Ce résultat prouve que la conduction est probablement assurée par le mécanisme de saut simple des ions Na^+ dans les cavités des tunnels.

La recherche de diphosphate à base d'aluminium possède des meilleures conductivités ioniques que le composé $NaAlP_2O_7$ nous a conduit à l'étude des propriétés électriques et diélectriques du composé $AgAlP_2O_7$.

Conclusion générale

Le diagramme d'impédance de ce composé est formé par un demi-cercle ce qui permet de choisir un circuit équivalent formé par une seule cellule (R//CPE) en série avec CPE. En outre, le phénomène de dispersion de la conductivité est analysé en utilisant la loi Jonscher: $\sigma_{ac}(\omega) = \sigma_{dc} + A\omega^S$. La variation de l'exposant "s" suggère que le modèle de sauts à barrière corrélé (CBH) décrit bien le mécanisme de conduction dans ce matériau.

Dans le but d'améliorer la faible conduction dans le composé $NaAlP_2O_7$ nous proposons de substituer partiellement l'ion Na^+ par un l'ion Ag^+. Ce qui nous mène à étudier les phosphates condensés de formule $Na_{1-x}Ag_xAlP_2O_7$ (x=0,4 ; x = 0,6 et x=0,8). La caractérisation optique par spectroscopie UV-Visible a montré que la valeur du gap diminue en ajoutant l'argent dans la structure: elle passe de 5,46 eV pour l'échantillon (x = 0,6) à 5,21 eV pour x = 0,8.

La comparaison des conductivités dans ces trois composés montre que la conductivité dans le composé à base d'argent est supérieure à celle du sodium.

En perspective nous prévoyons une étude de l'évaluation la taille des grains et de l'épaisseur des joints de grains par microscopie électronique à balayage.

Caractérisation par spectroscopie de résonance magnétique nucléaire (RMN) de tous les composés $Na_{(1-x)}Ag_xAlP_2O_7$ (x=0-1) pour étudier l'environnement du phosphore avec les différentes compositions.

I want morebooks!

Buy your books fast and straightforward online - at one of the world's fastest growing online book stores! Environmentally sound due to Print-on-Demand technologies.

Buy your books online at

www.get-morebooks.com

Achetez vos livres en ligne, vite et bien, sur l'une des librairies en ligne les plus performantes au monde!
En protégeant nos ressources et notre environnement grâce à l'impression à la demande.

La librairie en ligne pour acheter plus vite

www.morebooks.fr

SIA OmniScriptum Publishing
Brivibas gatve 197
LV-103 9 Riga, Latvia
Telefax: +371 68620455

info@omniscriptum.com
www.omniscriptum.com

Printed by Books on Demand GmbH, Norderstedt / Germany